什么是无须思考的厨房呢？

决定菜单时，

你会思考"我要做什么菜呢……"

从冰箱里取出食材时，

你会思考"我把它放在哪里了呢……"

这些思考每天都会耗费你不少的精力和时间。

那么，到底怎么做才好呢？

马路上设有红绿灯。

绿灯亮起时前行，红灯亮起时止步。

虽然规则非常简单，

但正是因为有了这个规则，

人们才能安心地穿梭于人行横道之间，

汽车才不会相互碰撞。

同样的，厨房工作也有其相应的规则。

每天无法得心应手，

只是因为你不知道这些规则而已。

快，让我们一起来看看，
厨房工作的正确规则吧！

每天，你都被时间追着跑吗？

肮脏不堪的厨房，会让你压力重重吗？

做不好菜，会让你陷入绝望的边缘吗？

你会对每天生活中的某些时段充满愧疚吗？

你有不知道自己身处何方的时候吗？

你会发自内心地微笑吗？

现在的你，幸福吗？

这是一本在帮助你了解什么是正确的规则后，让你变得对厨房工作应对自如的书。

为什么会是厨房呢？也许有人会产生这样的疑问。不过我可以断言，如果你能把厨房工作处理得妥妥当当，那么你的人生就会发生翻天覆地的变化。

自懂事以来，我就对烹饪情有独钟。上小学时，我就喜欢把那些为主妇制作的烹饪节目用录像带录下来一一观看。学生时代，一遇上学校停课放假，我就像逮住了机会一样，乐滋滋地辗转于各类烹饪培训班。

我希望从事与烹饪有关的工作，就去读了专门培养厨师的料理专科学校，还在外卖送餐店和饮食店的厨房里实习，现在我已经开设了自己的烹饪培训班。虽然我的烹饪培训班奉行小班化教育，可跟我学做菜的学员已经超过了800人，而且我负责的烹饪培训班抢手到了预约不断的地步。

在和学员沟通的过程中，我注意到了一个现象，就是很多人都觉得站在厨房里做菜是一件心烦的事。

○ 一想到做饭，就会闷闷不乐。
○ 做不好菜时，会陷入自我厌恶的怪圈。

厉害了，我的厨房！

○ 会让厨房达人朋友倍感压力。

○ 为什么只有自己痛苦不堪呢？

这种心情，我也深有体会。因为天生就是烹饪发烧友的我，也一直在思考相同的问题。

结婚后，为了兼顾事业和家庭，我每天忍耐着不去做自己想做的事。有时我甚至会痛恨站在厨房里、每天被时间追着跑的自己。

这也许有点儿夸张，但我的确一度忘记了自己是一个女人。反正头发是要扎起来的，就任由头发长长不加修剪。反正衣服会被孩子弄脏，就优先考虑穿那些扔了也不觉可惜的皱巴巴的旧衣服。

可是，突然有一天我觉得自己不能再这样下去。我的心中产生了一股强烈的愿望——为了让我和身边的人幸福，我必须活出自我。

从自己的痛苦经历和饮食店的实习经验中，我想告诫大家一点：**在做菜之前，你必须明白厨房工作有其自身**

的正确规则，而且这些规则也同样存在于你机械进行的食材采购和餐具清洗中，只是你并不知道，所以才无法得心应手。

专业的饮食店每天都要接待几十乃至几百位食客。所以厨师们必须争分夺秒，不能做出一丝一毫不必要的行为。

举个例子来说，即便只是将一盘意大利面端到客人面前，也需要十分精准的时间管理。先把作为底料的沙司酱准备好，再煮面。然后给盘子加热，这是为了保证客人在吃到面条时还保持着温温的感觉。接着掐着煮面的时间炒好配菜，再加入汤汁和沙司酱，拌到意大利面中调好味道。最后装盘端到客人面前，这时客人品尝到的意大利面必须是很筋道、很经嚼的。

厨师之所以能做到每一步都有条不紊，就是因为习惯使然。他无须特意思考，身体也会自觉地行动起来。

在家里也是一样。只要能将正确的规则变成自己的一种习惯，身体就会自觉地行动起来，所用的时间也会缩短。而且，为了提高烹饪的完成度，人会变得积极向上，最终你就会越来越认同自己。

献给站在厨房里的所有女性及当下忙碌的女性们。

衷心希望本书能帮助你尽快地找回自己的时间，找回原本那个开朗活泼的自己。

目录

第二章 每天不重样，了不起的营养便当

~ ~

第三章 和"做饭两小时，吃饭 5 分钟"说再见

第四章　超高效冰箱利用术

~ ~

第五章　厨房收纳大作战

第六章　高效下厨离不开的厨房利器

~ ~

附录　提前处理食材，就能大幅提高做菜速度

第一章
好厨房，让下厨的人闪闪发亮

~ Chapter 1 ~

站 在 厨 房 前 1

把 好 规 则 变 成 好 习 惯

只要把正确的规则变成习惯，厨房工作就会变得得心应手。

我想在最初的章节中，跟大家聊一聊进入厨房前应该事先理清的重要思路。因为就算你知道很多具体的规则，但如果没有整理过思路，也毫无意义。为了让规则真正成为自己的东西，首先要从梳理自己的思路开始。

那么，请你继续往下读。

○ 确定菜单。

○ 采购。

○ 预先准备食材。

○ 清洗餐具、锅子。

○ 将餐具、锅子在橱架上放好。

○ 打扫燃气灶和厨房下水管道。

○ 冰箱的保养。

○ 扔垃圾。

○ 明天便当的准备工作。

光是看看这些内容就让人有些心烦了吧。

即便你认为这些的确都是现在必须去做的工作，可你是不是听见心里有一个声音在对你说"待会儿再做吧"、"我现在好累"、"我工作很忙"、"孩子在身边真没办法"呢？

无论是家务还是工作，人们总是不顾一切地先去完成紧急而重要的事情，而那些不重要但必须做的事情就在不知不觉中往后拖延。

在想着"待会儿总会有时间做的吧"的过程中，转眼已经到了黄昏。事情来不及做本身就不爽，做事的人也会随之不爽。最后，这种不爽被发泄到家人或朋友身上，让人压力倍增。你是不是经常遇到这样的情况呢？

那么，为什么我就能从这种情况中摆脱出来呢？

那是因为**"我已经把正确的规则有意识地变成了自己的习惯"**。

正确的规则就是不存在丝毫徒劳的高效率的动作。

我依据自己在饮食店厨房和送餐店的经验，整理出了一些正确的规则。如果没有高度的学习热情，是不会有机会学习烹饪前的厨房规则的，也就无法把厨房工作处理得得心应手。

而且，仅知道规则毫无意义，把这些规则变成习惯才是关键。

我好像听到有人在说，现在才开始养成习惯会不会太晚？可是，人的意识真的非常重要。你知道吗？人类95%的行为都是由无意识的习惯组成的。从起床到睡觉，日常重复的行为其实并不简单。

但是无意识的习惯，有时却会阻碍你的行动。

以晚餐做咖喱饭为例。首先，你要把需要采购的食材写下来，然后去超市采购，回来后再把食材洗好切好煮好，最后吃完收拾干净。

没有人可以在无意识的情况下，将这一连串行为完美无缺地按顺序完成。因为如果你在做这些事情的时候是无意识的，那么无论怎样你都会做出很多徒劳无益的行为。

什么是徒劳无益的行为

○ 明明家中已经有了这种食材，又买了一份。
○ 多次开关冰箱。
○ 一次又一次地清洗砧板。
○ 为了有空间去盛菜开始收拾整理。

只是烹饪一些准备好的食材，就出现了这么多徒劳无益的动作，使得烹饪工作停滞不前，你是否经常遇到这样的情况呢？

但是，如果你能把正确的规则变成自己的习惯，一切问题都会迎刃而解。

那么，该怎么做才能让它们变成自己的习惯呢？那就是有意识地坚持。只有这样才能让规则变成自己的东西。

如果每天能定时踮踮脚，就相当于给自己的小腿做健美操，明白了这点的我决定一边刷牙一边踮脚，但一开始我完全坚持不下来。于是我用油性笔在握牙刷的那只手上写上"踮脚"两个字，没想到这种有意识的行为让我一连坚持了三天、一周甚至两周。现在，就算不写那两个字我也能一直坚持下来。这就是正确的习惯。

高效地、井然有序地做好厨房工作，与有没有意识无关。

只要将正确的规则变成一种习惯，不用你去刻意思考，身体也会跟着自然地行动起来。

美国哲学家威廉·詹姆斯（William James）曾给人们留下这样一段话：内心的改变会导致行为的改变，行为的改变会带来习惯的改变，习惯的改变会造成人格的改变，而人格的改变终将改变命运。

你想不想把本书中介绍的规则也变成自己的习惯，从而改变自己的人生呢？

把 大 目 标 拆 成 小 任 务

把自己想做的事情列出来，朝真正的自我迈出第一步。

如果能高效地做完晚餐，你会想在节省出来的时间里做些什么呢？

○ 想发一会儿呆。

○ 想安安静静地喝一杯咖啡。

○ 想读一本杂志。

○ 想看一部电影。

○ 想做一会儿工作。

○ 想睡一个觉。

我想你应该会有很多想做的事。

站在厨房里首先要做的事情，就是在心中想象自己想用节省出来的时间干什么。如果你无法在脑海中产生具体想干什么的画面，就无法做出相应的准备工作，当然也不清楚各项工作的先后顺序了。

在我的烹饪培训班里，就有很多学员抱怨他们的时间太少。

但是，当我问起他们"想用多出来的时间干什么"

时，真正能够回答我的人却又寥寥无几。

有了自由的时间，却没有什么自己想做的事情，你不觉得这是一种浪费吗？这样一来，做事的价值和成就感也就不高。

其实想做的事情可大可小，可以是微不足道的小事，也可以是伟大的梦想。将这些事情在心中大致描绘出来，便是改变行为的契机所在。

举个例子来说，我以前的梦想就是定期开一些烹饪培训班。

为了这个梦想，我重新调配了自己做菜和干家务的时间，开始坚持每天写博客。为了让越来越多的人选择参加我的烹饪培训班，我把自己的一些私事坦诚地写进博客，这样就会有更多的人了解我。另外，为了让大家知道我的烹饪风格，我还会把各种菜肴的照片发到博客上。

于是，我博客的点击量成千成百地上升。希望跟我学烹饪的人越来越多，现在已经可以每周开一次烹饪培训课了。

试着把你自己想做的事情列出来吧！就算不特意写在纸上，你也可以列在手机的备忘录中。我可以毫不夸张地说，就这么一个小小的动作，已经让你朝着真正的自我迈出了一步。

站 在 厨 房 前 3

负 面 情 绪 没 有 任 何 意 义

焦 躁 不 安 就 是 浪 费 时 间 。

无论是全职主妇还是职业女性，当我向她们提问时，总会从她们的口中得到很多消极的答案，诸如"一整天都在想做菜的事情累死人了"、"一想到做菜就压力重重"、"菜的味道一般总让我陷入自我厌恶的怪圈"、"没办法按照既定计划进行让我焦躁不安"、"做菜太麻烦了"。

我可以清楚地告诉你，**在消极的状态下是没有一件事情可以让你称心如意的。**

动作鲁莽打破了盘子，心情焦躁搞错了顺序，该买的东西忘记买了……心情变得越来越焦躁不安，真的是没有一件事能称心如意，自然也就无法心平气和地对待他人。

你遇到过偏偏在你急着上厕所的时候，大门的钥匙怎么也插不进去，鞋子怎么也脱不下来的情况吗？我说的正好就是那种焦躁不安。

我自己也有特别嫌麻烦的时候，觉得做什么事情都很麻烦。人人都会有这种情绪。

但是，一旦自己的负面情绪表现在脸上时，你就必须重新思考自己做这些事情的原因。

以我自己的情形为例。

○ **为什么要思考做什么菜？** →为了让孩子能够从膳食中得到均衡的营养。

○ **为什么要去买菜？** →为了通过自己的眼睛买到安全放心的食材。

○ **为什么要做菜？** →为了看到家人吃着美味佳肴时开心的笑脸。

○ **为什么要打扫卫生？** →为了家人能够心情愉悦地生活。

虽然这些理由看起来理所当然，但只要你说服了自己，你的行动就有了清晰明确的意义（或作用），心情自然也就变得积极向上了。

由于工作的原因，我总是站在厨房里。

想出新菜谱后不断试做几次，然后就不得不去给家人做饭。当然我也有不想做饭的时候，每当此时我就会让自己去思考为什么要做这些事。

于是，我的眼前浮现出学员们认真学习做菜时的身影，浮现出孩子吃着可口饭菜时笑眯眯的样子，浮现出一家人围着餐桌开心吃饭的场景，这些就是说服我去做菜、不断推动我前进的原动力。

也许你觉得这些根本无法让你变得积极。

不过，**我希望你能把它当作一种训练，并为每道工序找一个积极的理由。**然后像念咒语一样将它们大声地念出来。

如果你只是毫无作为地等着自己变积极，那恐怕一辈子也等不来这样的时候，因为只有你的意识才能让你自己改变。

站 在 厨 房 前 4

找 到 自 己 的 动 力 开 关

无论如何都提不起劲来做事时，就暂且休息一下吧!

反正就是提不起一点儿劲来做事！只要是人，总会有这样的时候。

在这里，我将向大家介绍一些在做菜时提高自己积极性的小妙招。

○ 从仪式感入手

在开始做事情的时候，有很多人是因为喜欢仪式感才去做的。我也是其中之一。比如，紧紧系上自己心仪的围裙，用可爱的皮筋紧紧扎起自己的头发。这种紧紧系上或者扎起就是我潜心做菜的"开关"。每当此时，我就会很有干劲地对自己说："开开心心地大干一场吧！"

○ 用植物装点厨房

厨房里的色彩布置也是很重要的。即便只是在厨房里简简单单地放上一盆观叶植物，也能让心情变得平静。如果你对养花养草没什么自信，那么我建议你在厨房里摆放一些人造花或者鲜切花。

○ 用烹饪物品提高自己做菜的兴趣

让我们准备一些自己中意的烹饪物品吧。在选择烹饪物品时也要注重实用性，切不可单纯因为它可爱就选它哦。

○ 播放自己喜欢的音乐

播放音乐的效果极佳。你可以开大音量听管弦乐，也可以哼唱你最喜欢歌手的曲子，选什么样的曲子由你当时的心情而定。

不过，开火做饭的时候，还是让我们把音乐暂停吧！因为我们可以从做饭时听到的各种声音中了解到很多东西。比如你听到的声音是噼噼啪啪还是噼里啪啦，是嘶嘶还是咕嘟咕嘟……这些声音会告诉我们饭是烧得正可口，还是已经煳了，或者正在沸腾。

○ 尽情地嗅嗅菜香

平时对做菜没有特别想法的人一定要试着嗅嗅手中的食材或者调味料的香味。怡人的香味会刺激并激活你的大脑。比如香草的清香、酱油的酱香味、牛蒡的泥土清香、融化黄油时的香味……闻着这些香味，你的心中会涌起更多欢欣。

○ 重现烹饪节目

做菜时假装自己在拍摄烹饪节目。

"在这里加点儿甜料酒"、"接下来开始煮菠菜"——如果一个人一边说这些步骤一边做菜的话，就会让脑子清醒、条理清楚，还能使做菜的过程非常顺畅。这么做可能有一点点难（笑），你就当自己上了贼船，权且一试咯。

○ 与电视广告竞赛

这是我在洗餐具时惯用的手法。当我懒得去洗那些堆积在水槽中的锅碗瓢盆时，我就会对自己说，一定要在电视里的广告播完之前洗完所有的餐具。结果电视广告竟然都出人意料地冗长。一进广告我就开始洗碗。能够在广告放完之前搞定洗碗，心情棒极了哦。

○ 给自己一点儿嘉奖

做完这件事后就给自己倒上一杯啤酒，或者吃一块自己喜欢的巧克力……如果能设定一些自己喜欢的奖励项目犒赏自己，就能充分享受到做完事情后的成就感和充实感，使其最终转化成一种幸福感。

○ 怎么也做不好的时候就去休息

我也有心不在焉、做事无法投入的时候。遇上这样的时候我就给自己放假，向家人挂出"歇业休息"的招牌。不过，电源一旦关闭就进入了充电模式，第二天还会自然而然地冒出"今天得加倍努力"的想法，真是不可思议！

我已经向大家介绍了不少方法，总之关键的一点就在于你要有"愉快做事"的心情。仅是这一点就可以让厨房里的各种事情发生变化。

所以不管你用什么方法，只要掌握了提升自己积极性这一要诀，就很容易从负面情绪的恶性循环中摆脱出来。

做菜是索然无味还是充满乐趣，全在于你自己。一切都由自己决定。反正逃不过做菜的命运，最佳的做法就是全身心地投入其中，快快乐乐地大干一场。

而且，不管你做的菜是自己吃还是给别人吃，只要你是为了食用之人真心实意地做的，那么保持一份愉快的心情会让你做出来的东西更为美味。

第二章

每天不重样，了不起的营养便当

~ Chapter 2 ~

菜谱的规则 1

先把最重要的主菜定下来

了解自己的做菜喜好，通过多变的烹饪方法和调味方法扩充自己的菜式。

在本章中，我想跟大家聊一聊如何制作菜单、如何买食材等各种烹饪前的准备事宜。一说起厨房，大家都会把目光聚焦在烹饪上，其实**烹饪前的准备工作尤为重要**。如果能够马上定下菜单，顺利采购到所有食材，那么做菜就不会有什么压力，做菜的积极性也会提高，做菜的时间更会缩短。

首先，让我从制作菜单开始说起。

今天做什么菜好呢？很多人一站到厨房里，心情就开始变得沉重。

即使事先询问了家里人想吃什么，得到的回答也多是"随便"。而当你真的做好菜端上餐桌时，家人的脸色又会表现出微妙的变化。面对这一切，有时你会忍不住不满地大喊："不是你们说随便什么都可以的嘛！"自己没想出来什么新的好点子，结果又做了一贯的菜式。家里人一说你的菜怎么怎么不好的时候，你就会气不打一处来。

不过，从维持家庭收支平衡和家人健康的角度考虑，你终究还是想做一些不过于依赖市售产品的菜肴。

考虑菜单，其实就是确定主菜（如表2-1所示）。

厉害了，我的厨房！

从整体上看，中式菜太少，应该增加！

表 2-1 一份客观的菜单表

		牛肉	猪肉	鸡肉	海鲜	其他
生吃	日式			拌生鸡片	海鲜刺身并	
	西式	生牛肉片			海藻色拉	
	中式					
炖煮	日式	牛肉土豆	炖肉块	炖鸡翅 炖鸡肉丸子	咖喱炖菜	
	西式	咖喱意式肉酱面	香浓蔬菜炖肉		章鱼乌贼煮番茄	香肠炖豆子
	中式		麻婆豆腐		白煮鱼	
烧炒	日式		生姜烤肉炒饭		照烧五条鰤	
	西式	汉堡牛排 烤牛肉	嫩煎猪肉块		黄油烤鲑鱼	咸牛肉烧土豆
	中式		煎饺			
油炸	日式		炸猪排	干炸鸡肉 鸡肉天妇罗	油炸竹荚鱼	
	西式				醋渍野味	
	中式		油炸丸子	油炸鸡	蛋黄酱炸虾	
蒸煮	日式			白切鸡	鲑鱼铝箔烤	荞麦面乌冬面
	西式					
	中式		水饺		虾饺	

海鲜类的菜单比较充实！

蒸煮类的菜过少，可以挑战一下！

用到牛肉的菜式很少！

你是不是总感觉主菜很难确定下来呢？

那么，请你试着列这样一张表格吧！

这张表的横轴表示主要的食材，你可以写上牛肉、猪肉、鸡肉、海鲜和其他这五大类。纵轴表示烹饪方法。数来数去，烹饪的方法也逃不过生吃、炖煮、烧炒、油炸、蒸煮这五类。然后你可以将每种烹饪方法再细分为日式、西式和中式三类。

做完这张表后，请先把自己擅长的烹饪领域填好。这样就可以知道自己一般倾向于做些什么菜。我把这张表格称为"客观的菜单表"。

通过客观地分析自己平时做菜的菜单，就可以知道为什么菜色如此单一。比如，平时不喜欢蒸煮食物的人，蒸煮栏就会一片空白。再比如，可以发现原来自己偏好用猪肉做主食材，而且烹饪方法只限于炒。

即便使用的食材相同，只要稍稍改变一下烹饪方法，如将调味从西式改为日式，就能很好地防止菜单的千篇一律，也可以较快地用完一种食材。

特定日子的特定菜单

◇　　◇　　◇　　　　　　　　　　　　◇　　◇　　◇

刚结婚的那段日子里，我曾非常投入地制作菜肴。为了让丈夫开心，我总是按照他的口味做些他喜欢吃的东西。不过，这种做法不仅破坏了家庭的收支平衡，营养搭配也不合理，还多出了很多没有用完的食材。

我曾经参考过《一周内用完所有食材》这本烹饪书，只是丈夫出差较多，我有时也会因为摄影工作下班晚而无法在晚餐前赶回来，所以这种用完全部食材的菜单反而打乱了我的计划，这也曾是我倍感压力的原因所在。

家里人的安排各不相同。我想一定存在这样的家庭，有时可以在家做菜，而有时却需要在外面解决吃饭问题。

在这种情况下，我给你的建议是，在充分掌握了自己和家庭成员的安排后再考虑菜单。

◇　　◇　　◇　　◇　　◇　　◇　　◇　　◇　　◇

我会把家里的情况分为丈夫不在家吃饭的时候、孩子要上兴趣班回家较晚的时候和一家人能凑在一起吃晚餐的时候，然后根据家人的不同安排考虑不同的菜单。

○ 能够早早回家的日子→试着来份全新的菜单。

○ 家里人能聚在一起吃饭的日子→做些新鲜出炉的天妇罗、炸牛肉薯饼、现煮的意大利面。

○ 回家较晚的日子→事先存一些炖菜。

○ 家里人回家的时间各不相同时→主菜选择只需热一下就可以吃的东西，或者拿出来就可以吃的东西。

就这样，只要脑子里总是装着自己和家庭成员的大致安排，就可以轻而易举地掌控做菜的方向了。

菜　谱　的　规　则　　2

预 算 不 够 时 的 关 键 词 —— 时 鲜 菜、集 中 采 购 和 冷 冻

利用这三个关键词，一个月可以节省 10%—20% 的食物支出。

你找到自己擅长的烹饪领域或是需要强化的地方了吗?

接下来我想跟大家聊一聊如何才能做出天然而又经济实惠的菜肴。它的关键就在于"时鲜菜"、"集中采购打折肉类食材"和"冷冻"。

○ 使用时鲜菜

虽然我也想买很多不同种类的蔬菜,可如果买得太多就会增加采购成本——有这种想法的人我建议你买些时鲜菜。一种蔬菜的供应旺季也就三个月,在这段时间里这种蔬菜会大量上市,所以趁这个时候下手,价格会比较适中。而且时鲜菜较高的营养价值和正值时令的鲜美,也是其魅力所在。

比如,我们可以在春天时多做些春笋饭或者炝拌油菜花。

西葫芦在冬天算得上是高档品了,一次购买得花上250日元(1日元=0.062元人民币),而如果在夏天,只要花费100日元就可以到手,所以直接在烤网上烤也是一种不错的选择。

西红柿虽然一整年都可以买到，但它最好吃的时候是夏天。冬天的西红柿味道偏淡，而夏天刚好是它完全成熟、味道最好的时候，所以也可以用它来做主要食材。而且从价格上来说，也要比冬天买便宜几十日元甚至上百日元。

人们熟悉的菠菜在冬天食用最佳。一年之中，菠菜营养最丰富、涩味最少、甜味最浓、最好吃的时节便是冬天。

○ 集中采购打折肉类食材

肉类常会作为打折品出售。你一定要记得集中采购哦。我建议大家在考虑做什么菜之前，仔细看看自己常光顾的超市的广告传单，或者确认一下该超市的网站，并围绕一些划算的产品考虑你的菜单。如果你能事先做好确认工作，就不会被琳琅满目的产品搞得失去判断力，进而买下很多计划外的食材了。我就是经常在孩子入睡后，用智能手机收集此类信息的哦。

○ 用上"冷冻"这招

在你集中采购了很多时鲜菜和打折的肉类产品后，就可以用上"冷冻"这招了。你可以让它在你每天的菜单上出现。

我会去大量采购到了傍晚就半价销售的国产牛排，并把它们冷冻起来。**只要一想到自己准备了冷冻肉食，心情就会变得轻松。**如果你集中采购了很多划算的时鲜菜，也可以选择将它们冷冻起来。

　　大蒜、生姜、葱、襄荷这类东西也可以采用事先冷冻的方法。因为这些东西在每次做菜时的用量较少，而且容易变质。

　　食用面包在买来的当天也要放入冷冻柜。因为放久了，面包就会失去原先的美味，而放入冷冻柜正是为了把先前的美味锁住。

　　至于冷冻的技巧，我会在后文和大家详细说明。

　　虽然居住地域、气候或产地的不同，会造成菜价的上下波动，但是如果大家能把遵守这些规则变成自己的习惯，那么每餐就会产生数百日元的差异，积累到一个月就可以节约一到两成的食物支出费用哦。

厉害了，我的厨房！

购　　　　物　　　　的　　　　规　　　　则　　　　1

按 超 市 的 物 品 摆 放 顺 序 列 购 物 清 单

再 也 不 用 在 超 市 里 转 来 转 去 浪 费 时 间 了。

恐怕很多人都是在购物前列出食材清单，然后拿着这张清单去超市采购的吧。这种方法可能会造成一些时间上的浪费。在这里，我要向大家介绍一种不用反复在食品货架前转来转去，一次就能买好所有物品直接去收银台付款的方法。

以前，我会在购物上花费很多时间。当时我的做法是，先按照自己列的清单顺序挑选蔬菜，然后是干货、肉类等其他食物。接着将想买的食物放入购物筐，去收银台排队，结果在排队的时候发现有漏买的食材，于是再回到货架去拿。

虽然只是一个小小的超市，可这么来来回回就产生了很多时间上的浪费。一针见血地说，造成时间浪费的原因就在于"只顾把自己想买的东西一个劲儿写下来"这种列清单的方式上。

○ 生姜
○ 肉

○ 苹果

○ 洋葱

○ 面包

○ 西兰花

○ 草莓

○ 色拉调料

如果列的是这样一张清单，我就得辗转于各个区域，而且每跑一个区域都要顺着货架从上往下选购一遍。

这也是我会漏买东西的原因所在。

在这里，我将向大家介绍一种列清单的方法，它可以让你在最短的时间里走最短的路完成所有的采购。

那就是**按照超市货架的排列顺序列购物清单。**

在列购物清单时，请你先回想一下自己时常光顾的食品购物场所的平面结构是怎么样的。

我常去的超市的平面结构是这样的：地下一层分别是

卖肉、鱼、蔬菜、调味料、罐头、干货、面粉、软罐头食品、日用品和冷冻食品的货架，而地上一层分别是卖乳制品、大米、面包、速食、饮料、副食品的货架。

我会一边回想货架的布局，一边按照从地下入口到地上出口的路线，列出不用走回头路的最合理的购物清单。

应该先去哪个食品货架

我好像听到这样的声音：我不可能每次都去同一家店啊！

这点请你放心！就算是你第一次去的食品店，也有高效的采购方法，就是按照下面的顺序。

（1）蔬菜、水果

（2）鲜鱼、精选肉类

（3）副食

为什么是这样的顺序呢？

这是因为食品货架有一些共通的秘密，即商品的排列

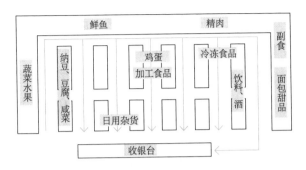

方式是基本相同的。大部分商店食品货架的平面格局都遵循这样的排列顺序：**蔬菜水果、鲜鱼和精选肉类、副食**。

蔬菜水果货架之所以被安排在最靠近入口的位置，是因为店家想通过摆放最能反映季节变化的时令蔬菜水果，有效地向顾客传递自己这家店的商品不仅品种齐全，而且新鲜无比这一信息。

那么为什么要在蔬菜水果货架之后设置**鲜鱼和精选肉类的货架**呢？那是因为只有把购买频率最高的食材摆放在最里面的正中位置，才能让客人在去收银台付款之前，看到各种各样尽可能多的商品并购买。

最后，我们说一下为什么要把**副食货架**放在最里面。这个货架通常还会摆放一些面包。

副食货架就是当人们买好了主要的食材后，思考要不要再添点儿什么副食而去的地方。所以如果一开始就把副食摆放出来，有些客人看到这里就算结束了，不会去看其他的商品。为了让客人毫无遗漏地看尽超市中所有的商品，店家就把副食货架安排在离入口最远的地方了。

其他的商品会因为店家的不同而各有差异。很多商店会把**加工食品、鸡蛋、冷冻食品**等商品摆放在比鲜鱼和精选肉类稍稍中间的地方。

从今天开始，你就可以在如何列购物清单上花点儿心思了。

你将能迅速地买到你想要的所有东西，而无须在各个货架前转来转去。

购物的规则 2

利用双层手推购物车可以节省购物时间

在双层手推购物车的上层放常温商品，下层放

冷冻商品，就可以使回家后的归类变得轻松。

在前文中，我已经把列购物清单的重要性告诉大家了。在这里，我将告诉大家让回家后的食物归类变得轻松的规则。这个规则可以让大家省去回家后再将食材进行分类的时间。

每次去超市，我都会选择双层手推购物车，在上下各放一个购物筐后再开始购物。**上面的购物筐里放常温的食材，下面的购物筐里放冷冻或需冷藏的食品。**

在等收银台打印收据的时候，我会把放在上层购物筐中的常温食品放进自己带去的环保袋，把下层的冷藏冷冻食品装进我带去的冷藏袋，从来不会无所事事地等着收银台结账。

就这样，**事先把食品分好类，就不需要回家后再另行分类了。**

还有，当你购买的商品达到一定金额时，有些商家会提供送货上门的服务。所以当你集中采购大量食品时，大可享受一下这种服务。当然，这个时候也不要忘记将常温食品和冷藏冷冻食品分类哦。

当你买完所有的东西，拎着沉重的大包小包回到家里时，有没有觉得自己已经变得瘫软无力，想直接倒在房间里休息呢？购物的确是一项挺耗体力的活动，所以我十分理解你的这种心情。

但是，在你想喘口气休息之前，还是让我们先把买来的食材摆放到该放的地方去吧！如果可以，还可以把蔬菜洗干净。就算是这么一个简单的动作，也可以让你之后的烹饪工作变得轻松很多，而且你应该还会感受到过去的那个自己有多可爱。

第三章

和"做饭两小时，吃饭 5 分钟"说再见

~ Chapter 3 ~

烹饪的规则

烹饪有5道工序

通过划分工序，你可以清楚事先应该做什么准备工作。

在本章中，我将跟大家聊一聊烹饪时的规则。它们都是一些可以现学现用的规则，比如如何切食材、如何使用砧板等。首先，我想跟大家分享开始烹饪前事先要做的一些准备工作。

稀里糊涂地做菜，是一种最没有效率的做法。

因为如果你做菜时并不清楚自己正在做的是何种料理的哪个步骤，就不会明白怎么做才能提高效率了。

比如某人拜托你在某个日期前处理完某份资料，如果你连这份资料一共有几页都不知道就埋头苦干的话，自然不能安排好自己工作的进度。我想说的是，**对整体情况有个把控是非常重要的。**

烹饪有 5 道基本工序。

（1）洗、削、切

（2）预先调味

（3）加热

（4）调味

（5）保存

无论做什么菜，一定会经过其中的几道工序。

有时你很难判断该事先做哪些工序，或者该进行到哪道工序为止。一说到准备工作，一定**有很多每次将一个菜从头做到尾的朋友**。若是这样，就只能在时间充足的情况下才能完成了。

可是，如果我们把做菜的步骤分解一下，就可以很清楚地看到哪些准备工作是可以事先进行的。

比如，牛肉炖土豆这道菜只有三步：（1）洗、削、切；（3）加热；（4）调味。（2）预先调味这个步骤并不存在。所以我们可以知道（1）洗、削、切这个步骤是可以事先进行的。如果这个步骤预先完成了，那么我们一回到家，就可以直接开始烹饪了。

生姜烤肉囊括了4个步骤：（1）洗、削、切；（2）预先调味；（3）加热；（4）调味。所以我们可以事先做到（2）预先调味这一步。

如果你想尽快完成烹饪工作，就让我们一起来整理一下自己想要做的菜由哪几道工序组成，其中哪几道工序又可以事先做好吧！

○ 煮菜、炖菜→事先做好保存起来。随着食材的慢慢入味，会变得更加好吃。

○ 炒蔬菜→事先将材料洗好、削好、切好。肉类可以预先调味。容易出水，不适合事先做好。

○ 烤鱼→在生鱼上撒上盐密闭保存。鱼腥味会消失，利于保存。

○ 盐揉蔬菜、醋渍蔬菜→事先洗好、削好、切好、调好味后保存起来。之后可用于各种料理中。

○ 肉馅→预先调好味道。或者事先加热保存起来，也可以用于多种料理。

以上这些只是简单的案例。还是让我们从分解今天做的料理开始吧！另外，如果你能充分利用自己睡前的10分钟和孩子起床前的10分钟这两个相对空闲的时间段，那么你的烹饪时间就会瞬间缩短不少。之后，你应该会为自己事先做好的这些准备工作感到骄傲。

事　先　准　备　的　规　则　1

把冰箱里的食材全部拿出来，再全部收好

不必在冰箱和操作台之间来回走动。

一旦开始做菜，你是不是会一次又一次地开关冰箱呢？这其实是一种非常浪费时间的行为。

我的厨房是沿着墙壁设计的，从冰箱到我做菜的地方有8步之遥。

为了做道色拉，我必须从冰箱里拿出番茄和生菜来切；做个蔬菜炒肉又必须从冰箱里拿出青椒、卷心菜和胡萝卜……这样，我就得在冰箱和做菜的地方之间来回往返多次。

烹饪培训班里的一个学员帮我计算了一下来回的次数，竟然有8次之多。从今天开始，我要告诉大家一个只要往返一次就可以完成的规则。

那就是在从冰箱里拿东西之前，先搞清楚哪些食材是必须要用的，然后"将它们全部拿出来，再全部放好"。

具体的操作方法非常简单。就是一口气将"要洗、要削、要切"的东西全部从冰箱里拿出来放在托盘上，蔬菜则一股脑儿地放到水槽中。然后在水槽中**把该洗的一次性**

洗完，把该削皮的都削完，把该切的都切完。

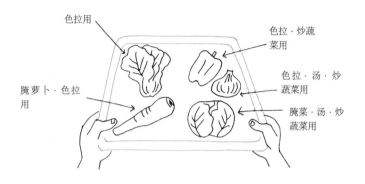

色拉用

色拉·炒蔬菜用

色拉·汤·炒蔬菜用

腌萝卜·色拉用

腌菜·汤·炒蔬菜用

也就是说，把今天要用到的所有食材全部拿出来后一起处理，而不是按照每道菜来处理相应的食材。

把全部的食材都处理完毕后，再将需要放回冰箱的东西一并放回刚才的托盘上。用过的调味料、蔬菜也要放好。这种做法非常高效，而且还能节电。因为每开一次冰箱，冰箱内部的温度就会升高，让冰箱内部再次降低到刚才的温度就会用到电，所以一次又一次地开关冰箱实则是在消耗电能。

烹饪培训班里，有个做助理的A小姐。每次到了切蔬菜的时候，她都会在做菜的地方和冰箱之间往返10次。我经常会与她擦肩而过，于是我把一次完成的规则告诉了她，没想到之后她的行动竟发生了翻天覆地的变化。只要事先在脑子里整理一下该拿什么东西，就可以让整个行动的速度大幅提升。现在她最多也只需往返两次了。

将"洗、削、切"的工作一口气全部做完——这种愉快的做法不仅成了我的一种习惯，还可以防止很多时间上的浪费。请你务必和A小姐一样，感受一下行动的变化吧！

厉害了，我的厨房！

事 先 准 备 的 规 则 2

切 菜 的 机 会 只 有 一 次

让 自 己 明 确 为 什 么 要 用 这 个 蔬 菜。

在前文中，我已经将"一口气拿出所有食材一起切"的方法告诉了大家。在这里，我想跟大家分享一下如何一起切菜的话题。

在同时做多道菜的时候，往往会产生这样的混乱，你会一下子搞不清楚自己正在切的蔬菜到底要用在哪道菜上。这种情况简直就像患上轻度的失忆症。

特别是洋葱、胡萝卜这种经常要用到的蔬菜，常会因为用途的不同而被切成不同的长度和厚度，当然它们的切法、煮法、炒法也都不同。于是做菜之人就越发头大了。

我也经常会遇到这样的情况：误把全部蔬菜切成了用于主菜的形状，而副菜中要用的蔬菜就瞬间告罄了。

为了避免这种情况的发生，让我们先来准备**10只直径约为10厘米的盘子**吧。我这里所说的盘子不是陶瓷盘也不是纸盘，而是**那种很便宜的塑料盘子**。百元店里就有很多四五个塑料盘子成套销售，它们很容易买到，所以我推荐给大家。

厉害了，我的厨房！

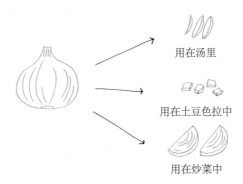

用在汤里

用在土豆色拉中

用在炒菜中

盘子的**具体用法非常简单，按照不同的用途把切好的蔬菜各自放入不同的盘子即可**。比如洋葱，可以分为汤里用的洋葱、土豆色拉里用的洋葱和炒菜用的洋葱。简言之，就是把不同大小、形状各异的洋葱分别放在不同的盘子里。

所以**洋葱只需要切一次就可以了**。而且，这种做法还能区分出哪些蔬菜只用了一半还有残余，进而方便你合理规划，将这些食材全部用完。

这种方法让我屡试不爽，烹饪工作也变得异乎寻常地顺利。

在上烹饪课之前，我都会事先把课上需要用到的蔬菜切好，把需要称量的调味料称好，而且切菜的工作和称量的工作也都是集中在一起完成的。这个时候最能大显身手的便是适才我提到的那种塑料盘子。我会按照不同的用途将食材分别装盘，并裹上保鲜膜、用油性笔写上该食材的用途和食用人数，有时还会用到便利贴。

也许有人会担心，这么多的盘子洗起来会不会很辛苦？其实与清洗盘子花费的精力相比，它的好处更多。首先，这种塑料盘子很轻巧，方便清洗，而且也不用担心会被摔破。

其次，用它来放干货很方便，洗过的蔬菜也不用沥干，直接装盘裹上保鲜膜就可以随手放到微波炉中加热。盘子的大小整齐划一不占地方，洗了之后还可以重复使用，经济实惠。

无论怎么说，轻巧都是这种盘子的一大优点，它方便处理，竖着叠放在一起也不需要很大的收纳空间。它们用起来非常顺手，有一次我在百元店里一口气买下了三套这样的圆形小盘子。装体积比较大的叶类蔬菜，或者家里人口较多时，如果有中型和大型的盘子一定会方便很多吧。

塑料容易出现划痕，所以并不适合与其他器皿混在一起使用，不过它作为食材临时存放地的巨大好处却是毋庸置疑的。

你可以在自己的脑子里随意整理一下哦。

事　先　准　备　的　规　则　3

切　　食　　材　　不　　用　　菜　　刀

让我们用剪刀和食品加工机来高效率地切菜吧!

切菜所花时间之长往往出乎人的意料。

特别是尚未习惯切菜之人，会不会觉得每天切菜都很费劲呢？在这里，我将向大家介绍一种必定能让切菜速度提升的工具。

○ 使用专用的厨房剪刀

一说起专用的厨房剪刀，你会不会认为它只不过是用来剪开袋子封口的工具呢？

其实，它是一种用起来很顺手的优质工具。

比如，厨房专用剪刀可以用来剪韭菜、菠菜等带叶蔬菜，也可以把葱剪碎，甚至还可以剪海带、裙带菜和肉类。**大部分食材都是可以用剪刀剪的。**

如果可以，我们还是买一些专业厂家生产的厨房剪刀吧！因为不同剪刀的锋利程度完全不同。剪刀原本就是一种为了提高效率、迅速剪切而存在的工具，如果不够锋利也就失去了它存在的意义。

○ 切碎食材可用切菜器

说到切碎食材，用切菜器是最好的。**切碎一个洋葱10 秒钟就能搞定。**

把蔬菜切成 3 厘米长的块状后放入切菜器中，每隔一秒拉一下拉绳，尽可能做到大小均匀。切到你喜欢的尺寸就算完成。如果你一直用力长时间拉拉绳，就会使蔬菜被完全磨碎，这点请特别注意。

如果切的是大蒜或者生姜，当它们的使用量较少时，切起来就容易溅在内壁上，造成切割不均匀，所以得用橡胶刮刀一边刮拭一边使用切菜器，这点请不要忘记。萝卜泥也可以用切菜器来做哦。

○ 切细丝可用切片机

让我们把切细丝的活儿全权委托给切片机吧！

只是，当卷心菜和胡萝卜切丝直接生吃时，还要稍微多花点儿心思。

切丝生吃最注重咬起来咔嚓咔嚓的松脆感和滑润的口感。如果直接用切片机切丝，切片机中锯齿状的刀刃会伤到蔬菜，使蔬菜表面变得很粗糙。所以用切片机切成丝的食材可以用在炒菜和拌菜上，不适合直接生吃。

生吃时，让我们先用切片机将食材切成极薄的薄片，再用菜刀切丝吧！这样蔬菜的纤维会被切得比较整齐，吃的人也能享受到极佳的口感。

用于生吃的卷心菜丝，就算用切片机也能演绎出极佳的口感。

○ 除了削皮之外，削皮器还有其他的功能

除了削皮之外，削皮器还有其他的功能。

例如，可以将牛蒡斜削成小竹叶状的薄片。削皮器削出来的效果又细腻又有松脆感。牛蒡丝也可以用削皮器削成薄片后再用菜刀切丝，这样切出来的牛蒡丝口感特别好。

莴笋、胡萝卜、西葫芦等细细长长的蔬菜，我也建议大家用削皮器来削。削出来状似一条条丝带，可以用在与平时感觉完全不同的菜式中哦。

砧　　　板　　　的　　　规　　　则

从　白　色　蔬　菜　开　始　切　起

这样切菜不会弄脏砧板，所以只要洗一次就可以了。

不知道大家每天是如何使用砧板的呢?

切完蔬菜后洗一下,切完肉后再洗一下,然后又切蔬菜又洗砧板,你是不是每天都会多次重复这样的动作呢?

这样不仅效率低下,还会冲淡食材本身的味道,甚至会留下各种气味。虽说如此,你也没必要准备多块砧板。在这里,我将跟大家分享一些只需洗一次砧板的规则。

首先,我希望你能准备一块百元店中有卖的薄板状砧板,就是那种薄薄的塑料砧板。然后再准备一块普通砧板(木质砧板或者树脂砧板都可以)。

使用砧板的要点有两个。

○ 切肉或鱼时要用薄板状的砧板。
○ 蔬菜要从白色的开始切起。

肉或鱼中含有杂菌,容易沾染上腥味,所以用薄板状的砧板比较适宜。最近市场上不仅有卖白色的砧板,还陆续出现了各类花样繁多的砧板,如彩色砧板、带卡通人物的砧板等等，所以让我们把切肉和鱼的砧板完全分开来吧！

还有，**蔬菜要从白色的开始切起**。这一点非常重要。切菜时要遵循白→黄→红→黄绿→绿的深浅顺序。

举例来说，就是按照萝卜或芜菁→胡萝卜→番茄→生菜或黄瓜→菠菜的顺序切菜。这样你就不会在意砧板被弄脏，可以一直切下去了。**中途也就不需要清洗砧板了。**

当然，蔬菜碎末、果皮还是要及时清理的，碰上容易出水的东西也要用厨房纸巾擦拭干净，然后再依次全部切完。

如果能在砧板下方垫一块湿布，砧板就不会随意移动，你也不会焦躁不安了。

佐料最好有固定的切割区域

味道较为浓烈的大蒜、生姜和香草最好有固定的切割区域。这样就不用在中途清洗砧板了。

大部分砧板都刻有厂家的商标或者带把手，所以可以保证每次使用的都是砧板的同一面。我把砧板的右下方设为"大蒜和生姜的切割区域"，右上方设为切荷兰芹或紫苏等的"香草区域"，左上方设为不想沾染上任何香味的"面包区域"。切过香草后，砧板上总会留下一些香味，即便你用洗洁精清洗也无法完全去除。如果能像上面那样设定相应的切菜区域，那么使用砧板时就再也不用担心串味的问题了。

切面包的区域　　　　　　　　　切香草的区域

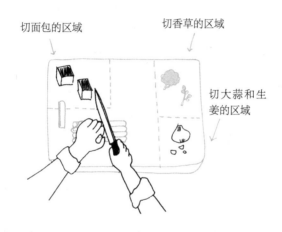

切大蒜和生姜的区域

既然要做菜，就应该珍惜食材，好好利用它的香味。

这么一个小小的自设规则，也会在菜肴的美味中反映出来。

◇　　◇　　◇　　◇　　◇　　◇　　◇　　◇　　◇　　◇

尝 咸 淡 的 规 则

准 备 10 把 尝 咸 淡 的 调 羹

通 过 多 次 反 复 地 尝 咸 淡 , 不 仅 可 以 锻 炼

舌 头 的 辨 味 能 力 , 还 能 缩 短 烹 饪 时 间 。

在这里，我想跟大家聊一聊尝咸淡的重要性。

我想大多数人都是照着烹饪书、看着电视上的烹饪节目或者网络上的烹饪视频来学习做菜的吧。不过你是否遇到过自己做出的菜忽好忽坏的情况呢？比如同一个菜，明明昨天做得很好吃，可是今天做却变得非常难吃。再比如，有些口碑很好、评价不错的菜自己做出来的味道却很一般。类似这种忽上忽下的情况，会不会让你时喜时忧呢？

烹饪书最多只能拿来作为参考。为什么这么说呢？其一，厨房环境、个人做菜的技巧各不相同。其二，即便书上写着这道菜需要用到一个洋葱，可洋葱本身也是存在大小差异的。其三，即便书上写明了要炒到变软为止，但每个人炒的洋葱软硬程度各不相同，这也会对洋葱起锅时的甜味产生很大的影响。所以过于依赖烹饪书的做法是很危险的。

因此，我希望大家能够掌握反复尝咸淡的一些规则。

就算烹饪书上没有写到，但如果你想让炒出来的菜甜味更浓，就可以稍微加一点儿糖或者蜂蜜，只是这么一个小小的动作就可以一下子提升菜的美味。所以请你在杯子里准备 10 把调羹，并把它们放在炉灶旁边吧！然后在三个时间点尝一下菜的咸淡：

（1）开始做菜

（2）中途

（3）完成

以味噌汤为例，你可以尝三次味道：（1）出汁阶段[①]；（2）添加味噌阶段；（3）最后完工阶段。假如你事先准备了 10 把调羹，就不需要在烹饪的过程中特意补充调羹了。但如果你只准备了 1 把，那么每尝一次就得清洗一次，这就太麻烦了。

有时，即使你完全照搬菜谱，也未必一定能够进展顺利，此时请不要责怪烹饪书有问题，也不要自暴自弃，认为自己没有做菜的才能。**因为能够决定菜肴"美味程度"的只有你自己。**

[①]　出汁，由鲣鱼干和干海带炖煮而成的高汤。——编者注

另外，**总是记不住做菜步骤的人，可以尝试同一道菜做四次的方法**。第一次时你可以边看书边做，第二次时只看自己尚未搞懂的地方，第三次时则可以在做菜的同时修正第二次没有做好的地方。这样到了第四次时，你就可以脱离书本自行调配，将这道菜变成自己真正会做的东西了。

　　对于参加我烹饪培训班的学员，我也是要求他们必须在自己家中复习的。

◇　　◇　　◇　　调味料的大致效果　　◇　　◇　　◇

　　尝过咸淡后，总觉得哪里味道不够，却又不知道该加点儿什么。在这种情况下，请你参考下面的方法。

　　味浓→酱油

　　甜味→糖

　　甜味·醇味→蜂蜜

　　爽口的甘甜→酒

　　少许甜辣味→烤肉酱·烤鸡酱

　　醇厚·香醇·纯净的甘甜→甜料酒

咸味→盐

深邃感→酒

深邃感、香醇→耗油

鲜美→出汁、味精

辣味→辣椒、辣味沙司、胡椒、芥末、味噌等

香味→香草、胡椒、芥末等

平衡口感→浇汁（多用于面类）

变软、去腥→料酒、红酒

◇　　◇　　◇　　◇　　◇　　◇　　◇　　◇　　◇　　◇

放 盐 的 规 则

鱼在烧制前15分钟放盐，肉在快煮好前放盐

鱼肉紧实才好吃，肉要柔嫩多汁才好吃。

盐并非只是用来调味的，还有"逼出水分"、"防止变色"、"保持鲜亮的色泽"、"提高保存力"、"令食材紧实"等各种功能。

另外，食材不同，放盐的时间也是不同的。让我们按照鱼、肉、蔬菜的顺序来看一下它们各自放盐的时间吧。

（1）鱼

如果能事先在鱼身上撒些盐逼出水分，就可以去除鱼腥味和涩味。这是做鱼前非常重要的准备工作。

至少要在做鱼前 15 分钟撒盐，然后将逼出的水分用厨房纸巾擦干。这样既能去除鱼腥味又能使鱼肉紧实，烹饪时就能紧紧锁住鱼肉的鲜美。在鱼身上撒盐，能使鱼身上的蛋白质在盐的作用下发生变化，这样加热后的鱼身会变硬，鱼肉自然也会变得紧实。

煮鱼的时候，还要注意别把鱼煮得散架了。

（2）肉

肉放盐的时间正好与鱼相反，**在即将烤肉前才撒盐非常重要。**

因为若是先撒了盐，放置一段时间后就会出水，原本优良的肉质会发硬，这样肉的鲜味也就不复存在了。

做肉毕竟还是以柔嫩多汁为宜。让我们在肉上撒一些盐，做出香喷喷的烤肉吧！

（3）蔬菜或水果

如果在加了盐的热水中煮菜，蔬菜纤维会变得柔软，蔬菜本身也能沾上少许咸味，**还能激发出蔬菜本身的味道和鲜美。**

另外，加入盐后水的沸点会升高，可以在较为恒定的高温中保持蔬菜的鲜亮色泽。

煮完后为了继续保持蔬菜的鲜亮色泽，可以把它放在凉水中一下子把温度降下来。这个动作叫作"定色"，可以使煮好的蔬菜始终鲜亮。

把切开后容易变色的苹果浸到盐水中，也可以防止苹果氧化变色。

◇　　　◇　　　◇　　　**使用什么样的盐才好呢**　　　◇　　　◇　　　◇

应该选择纯天然的食盐。充分蒙受了大自然恩泽的海盐或

者岩盐是真正醇和而美味的食盐。

精制食盐较为松散、容易撒开，所以方便处理，不过那是用机器将纯净盐水蒸发结晶之后得到的。它的主要成分是氯化钠。精制食盐的口感较咸，刺激感强，咸得不够自然。

同样是一小调羹食盐，品种不同，味道就不同。请你用自己的舌头舔尝一下，反复体验哪种盐才最符合你的口味。

海盐的风味复杂，里面残留着海洋里的各种矿物质成分，所以一般会用在比较清淡的鱼类料理中；而岩盐的口味相对简单，所以一般会用在浓厚油腻的肉类料理中。

顺便提一句，专业大厨们对于食盐的执着程度是不可估量的。他们会从各国调配来自己所需的食盐，法式料理就用法国产的食盐，意式料理就用意大利产的食盐。仅从这点，就可以得知食盐的世界是多么深不可测。

◇　　◇　　◇　　◇　　◇　　◇　　◇　　◇　　◇　　◇

　　　　　厉害了，我的厨房！

放　　　　糖　　　　的　　　　规　　　　则

糖　要　选　择　纯　天　然　的

天　然　砂　糖　是　以　甜　菜　或　甘　蔗　为　原　料　的。

在这里，我想跟大家聊一聊如何选择砂糖。

不知道大家每天都在用什么糖呢？糖的种类很多，所以我想凭着感觉走的人应该也很多。

在你犹豫不决时，还是选择纯天然的砂糖吧！

如果你比较在意糖的热量，大可选择人工甜料，但是如果你优先考虑味道，我还是推荐你使用"纯天然的甜料"。纯天然的砂糖都是以甜菜或甘蔗为原料的，它温醇而平和的甘甜**可以与各式料理迅速和谐地融合在一起。**

另外，砂糖不仅能带给人们甘甜，不同类型的砂糖，味道也是迥然不同的。各种料理都有适合它自己的砂糖。

让我们以曲奇饼为例来具体说明一下吧。

糖粉做成的曲奇饼吃起来是酥脆的，细砂糖做成的曲奇饼口感是松脆的，而用粗粒的砂糖做成的曲奇饼吃起来却是"咔嚓"的。虽然这里我用吃起来的感觉来体现不同糖做出的不同口感，但其实它们的味道也是互不相同的。

如果你能根据不同的菜肴选择合适的砂糖，那么你拿手好菜的味道也会一下子发生改变。

接下来，我将根据砂糖中主要成分的不同，向大家介绍最具代表性的几款砂糖的种类和用途。

○ 上等白糖

这是一种精制程度很高的纯白砂糖，也是日本使用量最多的一种白糖。

因为使用起来很方便，所以它常被用于芜菁、寿司醋等颜色相对浅淡的菜肴中；又因它非常容易溶解，也被用于拌菜中。浓汤中也有使用。

○ 细砂糖

在做糕点时经常被用到的代表性砂糖。在日式菜和西餐中都可以使用。这种糖不挑对象，溶解性极佳，所以可以让人直接体味到咖啡的浓香。

○ 赤砂糖

赤砂糖是三温糖、中双糖、黑砂糖等褐色系糖类的总称。因内含矿物成分，所以呈现出比较深的颜色。非常适合添加在味浓的煮菜当中。

○ 和三盆①

这种糖的甜味相对温和，能够激发出食材的深层美味。

一般用在味道细腻的煮菜或者想演绎出温和感的煮菜中。在高野豆腐、煮南瓜等菜肴中和三盆必不可缺。虽然价格有些偏高，但味道上乘。

令人意外的是，它竟然还可以用在西餐上。

在西餐中，糖出场的机会较少，不过只要稍微用点儿糖就能使最后的成品口味发生变化。

日本人大多喜爱甜味，所以如果能在浓西班牙沙司、番茄沙司、色拉调料中加点儿糖，日本人会比较喜欢。

---

① 和三盆是一种原产于日本神奈川等地的食糖。

成　　　品　　　菜　　　的　　　规　　　则

不 要 执 着 于 " 亲 手 做 才 是 对 的 "

有 时 用 些 成 品 菜，味 道 反 而 会 更 好。

在前文中，我已经跟大家分享过带着负面情绪是不可能做出美味可口的饭菜的。因为负面情绪会对切菜产生影响（切工粗糙），也会在炒菜时表现出来（造成浪费），其结果就是让做出来的菜难吃无比。

当自己的心情怎么也跟不上做菜的节奏时，让我们毫不犹豫地选择成品菜吧。利用百货店、超市出售的副食（最近有很多美味可口的副食），或者现成的罐头也可以做出一道道美味可口的菜肴。

买了副食的当天，千万不能为自己用成品菜应付晚餐而感到内疚。这点非常重要。

因此，将菜端上餐桌时，**一定要把成品菜装到盘子中，而不是保持买来时的包装。**

如果买回来的是油炸食品，你可以用喷油壶喷上些油，再放到电烤箱中加热，这样一盘酥酥脆脆的菜就完成了。如果买来的是色拉，你也可以添上点儿蘘荷或者小番茄。

放上荷兰芹、加点儿柠檬、做好调味品。只要在最后的步骤上稍微花点儿心思，就可以让菜变得既美观又接近原味。

特别是家里有小孩的家庭，很多都难以摆脱"亲手做菜咒语"的束缚。这是因为他们的心中存有一种想法，即东西是吃到孩子嘴里的，所以为了让人放心，确保食品的安全，必须自己亲自动手。

能够亲手为家人做的确是最好的，但是你觉得在满怀压力的情况下做出来的饭菜会让家人感到欢欣愉悦吗？

现代女性都是非常繁忙的，所以才会出现卖副食的商店，才会出现冷冻食品。成品菜也是现代社会的必然产物，绝非偷工减料的食品。

因此让我们做一次深呼吸，一起从"亲手做菜咒语"的束缚中解脱出来吧！

如果你无论如何都对这种做法心存抵触，那么请避免选择软罐头之类常温条件下也不会变质的食品和净菜。因为这里面有很多化学添加剂。总之，只要你选择产地放心、原料过硬的正规产品就没有问题。

使用罐头、佐料或是速食汤粉不仅能够提高做菜的效率，还能使做出来的菜肴美味可口。因为它们都是**厂家为了调制出复杂而有深度的味道，经过长时间研究后做出来的产品。**

以烤肉调料为例。只要你看一下原料表，就会发现烤肉调料里含有酱油、砂糖、苹果、柠檬、红糖浓汁、白芝麻、芝麻油、蜂蜜、醪糟、香辛料、大蒜等大量佐料。

一般家庭是很难将这些佐料调配齐全的。你要不要试着用成品菜，做一些比平时做出的菜更美味的菜肴呢？接下来，我将向大家推荐一些比较好的成品菜。

○ 番茄沙司

烤完鱼或肉后加上点儿番茄沙司，再稍微煮一煮，一道菜就完成了。如果觉得水分不足，可以加上点儿蔬菜果汁或番茄汁，再用盐调味。如果真的没有时间，光是浇上番茄沙司也足够美味了。

○ 粉末状的杂烩材料

像土豆、洋葱、香肠这类东西，只要加点儿自己喜欢的杂烩材料煮熟，就可以变成一道美味的日式大菜。等到第二天味道渗入其中时，就会变得更加美味。菜饭（将米与鱼、贝、肉和蔬菜等一起煮的米饭）、鸡蛋羹、面条等放到火锅中也很不错。

○ 咖喱酱

面条自不必说，咖喱酱和炒饭、意大利面、印度烤鸡也是绝配。浇上它，菜肴就会变成咖喱口味，汤汁也变得很鲜美。

○ 烤肉调料

事先在鱼或者肉上涂满调料，等到回家后就可以做白汁红肉，快速地烤一下也是一道好菜。它非常适合用来做青椒肉丝或者炒蔬菜。你还可以加点儿生姜丝来个生姜烤肉，或是把它当作土豆炖肉中的佐料。

○ 日式色拉调料

日式色拉调料非常适合使用在鸡胸肉、鱼这种色白且清淡的食材上，最能体现日式菜肴清淡而不油腻的口感。它也可以用在炒菜、蛋黄酱减量后的土豆色拉或者日式意面的调味上。

特别喜欢这种调料的人还可以用叉子在鸡脯肉上开个洞，浇上日式色拉调料腌制数小时。然后直接切成薄片，做成拌生鸡片，或者只是稍微烤一下表面，也会成为一道吃起来很筋道的绝佳美味。

○ 芝麻酱

在扁豆或是菠菜里拌上芝麻酱自不必说，稍微加点儿辣油，做成冷肉片色拉或是加在满满都是辛辣佐料的凉豆腐上也非常适合。拌上蛋黄酱就成了沙司，将芝麻酱和醋按照 2∶1 的比例混合，就可以做成芝麻色拉调料。

○ 速冻水饺

只需把速冻水饺一股脑儿放到汤或锅里即可。因为配上了很好吃的汤料，孩子会非常喜欢。如果你比较在意添加剂，也可以选择去你中意且放心的中华料理店买生饺子，然后直接带回家冷冻起来。

早餐的规则

将每天早上放到餐桌上的东西集中到一个地方

每天吃早餐时，找这找那就是一种时间的浪费。

在这里，我想跟大家聊一聊如何准备早餐。

以前，我总是睡到不能再睡才起床，然后化妆选衣服，一个早上非常忙乱，所以早餐只能喝点儿饮料应付了事。

可是成家之后，我开始每天吃早餐，竟然发现之前有些贫血的身体变得非常健康，浑身充满了活力，一上午能处理的工作也一下子增加了许多。

现在，我觉得**"早餐决定了一天的状态"**并非言过其实。

其实，起床的时间正是人体的血糖值较低的时候，所以脑部的能量供应还很不足。如果这时候不吃早餐，就会导致体温下降、注意力难以集中和工作能力下降等问题。

为了做出最佳的早餐时间安排，请大家遵循以下四大规则。

（1）制作"早上的组合套餐"

（2）使用精致美观的盘子或杯碟

（3）用好托盘

（4）充分利用晚上的 10 分钟

（1）制作"早上的组合套餐"

在我家里，特别喜欢吃纳豆的老公是典型的日餐派，他喜欢满满的一碗白米饭加日本茶。我是西餐派，钟爱咖啡。儿子喜欢谷物、牛奶和水果。早餐三人三个样。大家一定以为我家的早餐准备起来特别麻烦，其实完全不是那么回事。

因为有放在冰箱里的**组合套餐**帮我的忙。所谓组合套餐，是指汇集了早餐中不可或缺的品种的套餐。我会把每

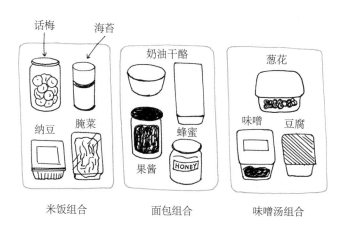

米饭组合　　　　面包组合　　　　味噌汤组合

天要端到餐桌上的早餐，事先放在百元店卖的带把手的冷藏柜中。带把手意味着一次可以拿取很多东西，**所以省去了找这找那的时间。**

比如我会把我老公要吃的纳豆、话梅、咸菜和海苔放在一起，变成一个"米饭组合"。把我要吃的果酱、蜂蜜、奶油干酪等东西放在一起，变成"面包组合"。还有一个汇集了制作味噌汤所需材料的"味噌汤组合"。这样就省去了每天早上想这想那的时间。

我总是在冰箱里放上这样的"组合套餐"。米饭组合有时也会在晚餐时间粉墨登场。家里人也不会一会儿问这个东西放在哪里，一会儿问那个东西放在哪里了。

（2）使用精致美观的盘子或杯碟

作为结婚礼物收到的玻璃杯或者餐具。不要为了在特殊的日子才使用而将它们束之高阁，如果你觉得它们精致美观，就应该让它们在早餐时间大放异彩。

如果只是到了特殊的日子才用，那么一年也不知道用不用得到一回。就算用得到，因为它们被束之高阁，你也很容易忘记了它们的存在。请你务必将这些餐具晋级为日常使用的物品。在体会丝丝特殊感觉的同时，做菜的准备过程也会变得让人心生愉悦。纳豆等食物不要放在原先的包装袋里，试着倒出来盛在你喜欢的器皿中，这样进餐时就会变得乐趣无穷。

（3）用好托盘

我会把家里人各自不同的早餐分别放到托盘上，摆成客饭的样子。这样吃完了早餐，就可以让他们各自端着放着餐具的托盘整个儿送去厨房。就算有谁的饮料被打翻，也只需擦一下托盘，所以事后的收拾整理工作非常轻松。以前我总是要在餐桌和水槽之间来来回回很多次，现在只要一次就能全部搞定，心情自然大好。在百元店中可以买到很多价格适中的托盘哦。

（4）充分利用晚上的10分钟

利用好晚上的10分钟，就可以让早上多出30分钟。

临睡前，我会把第二天要用的食材和器皿都放到托盘上。无论是咖啡还是茶叶，我都让它们处于一加开水即刻可以享用的状态。水果也会事先切好，并注意选择那些切了也不会变色的品种。

水一烧开就直接用来泡茶冲咖啡，面包用电烤箱一烤就行，谷物放进盛菜的器皿里。早上起来只用做这些事情，有没有让你觉得好像自己也能做到呢？

早上就像打仗，每个人都把神经绷得紧紧的。突然有一天，我深深意识到原来决定自己和家人早上紧张与否的权力在我手中，便开始有意识地营造起一个个轻松舒适的早晨，为家人提供他们喜欢吃的早餐。

这不仅能让自己和家人愉快地度过一天，**你应该还会为自己能高效地操控每个早上而感到无比自豪。**

晚　　餐　　的　　规　　则

一家人的就餐时间各不相同时，遵循"拿出来就可以吃或加热一下就能吃"的原则

拒绝意大利面和油炸食品。

一个人生活的时候，可以随时吃到自己想吃的东西。可是一旦有了家庭，就无法这么随心所欲了。

我要在每晚 8 点哄孩子入睡，所以必须急匆匆地让他吃完晚饭，洗完澡后上床睡觉，而自己是从孩子睡着之后才开始吃晚饭的。老公过了 10 点才会回家，如果等他一起吃很容易发胖，所以我都是自己先吃的。

也就是说，孩子吃完，自己吃，然后准备老公的晚餐……**一天必须做三次晚餐**。是不是感觉我整个晚上都在做晚餐呢？

为了使这种"存在时差的餐桌"高效地运转起来，必须把做菜控制在速战速决的状态之中。通常情况下，做一顿饭需要花费一两个小时，之后我就尽可能不想再花时间了。

接下来，我就把自己不用太多时间就可以做完晚餐的三个规则介绍给大家。

（1）拿出来就可以吃的菜

最不需要花时间准备的菜是拿出来就可以吃的菜。刺身、色拉、冷汤、豆腐、纳豆加咸菜，还有拌菜，这些都是只要拿出来就可以吃的东西，让我们一起把它们添加到菜谱中去吧！

（2）热一下就可以吃的菜

我增加了一些像炖菜、咖喱、汤等热一下就可以吃的菜。

味噌汤多次加热后反而会愈加醇厚，所以可以在最开始做的时候弄得淡一些。

只要有了这类菜，就让人感觉安心不少。

（3）在快要煮好之前熄火

汉堡牛排、肉类要在即将煮好前熄火。因为就算之后再加热或是再煮一下，也能够品尝到它的鲜美。完全煮好的肉类食品如果再加热的话，就会使汁水流失，变得又干又硬。

鱼类料理我推荐你做炖鱼。

以上三大规则就是能够顺利操控"时差餐桌"的关键所在。请你在考虑自家的菜谱时参考一下吧。

○ 避免做意大利面

煮好的意大利面经过再次加热后，面条会坨在一起，失去弹性，鲜美的程度亦会减半。虽说如此，若要为了美味每次现煮又会让人心情沮丧。所以还是让我们在一家人都能凑到一块儿的时候再考虑做意大利面吧！

不过通心粉倒是个例外，就算煮完后放段时间再煮，也不会那么容易变形。在我之前工作过的饮食店里，就经常会在派对时出现通心粉或者肉糜沙司之类的菜，这皆是因为它们即便放置一段时间吃起来也依旧美味的缘故。

○ 避免做油炸食品

油炸食品一旦用微波炉重新加热，就会失去刚刚炸好时的酥脆口感，变得黏糊糊的。但是每次将油预热后再炸一次实在很麻烦。

所以如果你非要做油炸食品，可以先在炸好的食品上用喷油壶喷上些油，再放到电烤箱中烤，这样就会非常接近刚炸好时的松脆感，所以请你务必尝试一下。

虽然准备好多次会非常麻烦，但我还是希望能让家人吃到美味可口的饭菜——持有这种想法，不肯偷工减料的人应该有很多。

不过，如果由于这个原因而不断逼迫自己实在得不偿失。所以我会毫不犹豫地推荐你利用一下成品菜。

你不觉得，比起那种一直需要保温、口感生硬的米饭，用微波炉加热后即可食用的软罐头白米饭会更好些吗？顺便提一句，为了重现米饭刚煮好时的状态，软罐头中白米饭的米粒都是竖着的，而且很柔软饱满。

第四章

超高效冰箱利用术

~ Chapter 4 ~

冰　　　箱　　　的　　　规　　　则　　　1

把 冰 箱 里 的 食 材 全 部 拿 出 来 亲 眼 查 看

让 我 们 来 亲 眼 确 认 自 己 需 要 的 食 材 吧!

本章的主要内容是冰箱收纳及如何灵活使用冷冻柜。

几乎没有人可以拍着胸脯、自信满满地保证自家的冰箱总是一尘不染。我烹饪班里的学员们也有很多与冰箱有关的烦恼。比如，冰箱总是乱七八糟的，拿取东西很不方便，冰箱太小不够放等。

有一次，我向朋友表达了想去看一下她家冰箱的愿望，结果被她异常冷淡地拒绝了，因为她觉得让人看冰箱和在人前展示内衣一样尴尬。

在厨房里，冰箱是最能展现主人个性的地方。因为别人一般不会去窥视你的冰箱，所以你大可在其中随心所欲地肆意摆放。

但是，冰箱毕竟是保存食物的场所。它是**关系到做菜好坏**的"始发站"。如果冰箱里的"交通"能够维持畅通，烹饪工作就能更加快速地进行下去。

这么想来，你有没有觉得有必要去重新审视一下冰箱呢？首先，让我们来说一说大家最关心的冰箱收纳问题吧！

我认为方便使用的冰箱应该是这样的：

○ **方便查看**
○ **方便拿取**
○ **方便清理**

这些听起来似乎理所当然，可真正做起来却是出人意料地困难。

如果满足了以上三点，食材就可以全部用完，烹饪工作也能顺利展开，冰箱的开关时间也可以缩短。

因此，冰箱中物品的放置原则应该是只留下真正需要的东西，**并稍稍留些空余的空间**。这样，不仅冰箱里的东西一目了然，拿取物品也会变得方便。另外，这样既便于清扫，又可以很好地冷藏食材，突然收到的蛋糕或者事先准备好的东西也都有了存放的空间。

那么，为了让冰箱不至于太过拥挤，到底该怎么做才好呢？

规则非常简单。

（1）把冰箱里的东西全部拿出来

（2）给东西分类

（3）收纳

让我们按照这个顺序进行下去吧！

（1）把冰箱里的东西全部拿出来

首先，请将冰箱里的东西全部拿出来。不能只拿存放在其中一个角落的东西。把所有的东西都拿出来这点非常重要。

因为**让当前的自己了解冰箱里储存了什么食材、什么调味料非常重要**。说到这里，恐怕大部分人应该已经在脑海中慢慢回忆起自家的冰箱里存放了这样那样的一些东西了吧。

我的一个学员曾告诉我，他家冰箱里存放的东西很少，用不着整理。结果我却从他家的冰箱里发现了很多东西，其中包括没有用完的蔬菜、放在最里面底层已经变硬的香草，还有过了期的调味料。这就是对自家冰箱相当自信的人的冰箱。让我们试着自己来整理一次吧！

将冰箱中存放的物品全部拿出来后，请给冰箱喷上除菌用的酒精，给冰箱来个大扫除。此时你的心情也会变得舒畅无比。

（2）给东西分类

接下来，我们将对食材进行分类。比如可以按照下面的方法。

○ 肉、鱼、火腿、香肠等加工食品

○ 鸡蛋

○ 奶酪、黄油等乳制品

○ 色拉调料、佐料等

○ 软管类物品（芥末等）

○ 小的附属品（纳豆的佐料或芥末等）

○ 大的调味料

○ 小的调味料

○ 在早餐和晚餐中出现频率最高的东西（纳豆咸菜等米饭组合、黄油果酱等面包组合）

○ 做味噌汤时要用到的东西（裙带菜或味噌等）

○ 烹饪后残留的东西

○ 饮料（啤酒、茶等）

○ 蔬菜

○ 其他

把已经过期的东西清理掉，只在冰箱里留下真正要用的东西。

对于那些让你犹豫不决、难以取舍的食材，到底需要不需要，还是问问你自己吧，记得问 10 遍哦。

（3）收纳

分类后，让我们快点儿开始收纳吧！

从下一节开始，我将慢慢地跟大家分享深奥的冰箱收纳问题。

冰箱的规则 2

蔬菜要竖放或集中摆放

在保鲜的同时，将食材用个精光。

将食材分类后，接下来就是收纳了。让我们先从放蔬菜的那一格开始吧！

蔬菜要按照"竖着放"和"集中摆放"的原则，让它们变得整齐清爽。千万不能叠放在一起，叠放在一起的结果就是让蔬菜直奔"石化之路"。

○ 根茎类蔬菜

土豆、洋葱、芋头、甘薯、圆南瓜等食材，就算不放在冰箱也没有关系。因为它们很占地方，除了盛夏时节，你把它们放在阴凉通风的地方即可。如果可以，最好能在它们的外面包一层报纸。因为报纸可以替代泥土帮助保持这些蔬菜的新鲜度。

用蔬菜的专用储存柜或储存袋保鲜也是一种方法。

如果你不太确定应该保存在什么地方，建议你去参观一下商店里食品区中的蔬菜货架以作参考。当然，无论哪种蔬菜，只要没有用完，都要放到冰箱里哦。

○ 竖长的蔬菜

黄瓜、芦笋、油菜、大葱、白菜、菠菜等**竖长的蔬菜**

要遵循"竖着保存"的原则， 就像把它们还原到原先的生长环境中一样。竖着放既不占地方，也能长时间保存。叶类蔬菜可用打湿后拧干的纸巾包起来放到保鲜袋中，这样就能进一步提升蔬菜的鲜度。

如果有些蔬菜无法很好地竖起来摆放，你可以用笔架或者从中间切开的牛奶盒子来解决这个问题。另外，如果你能够用上书架，那么像菠菜那样叶片比较大的蔬菜也就不会倒伏了。

○ 卷心菜、生菜、番茄

卷心菜最好先切成两半，保存时应切去菜心。为了防止水分流失，要在里面塞上打湿后拧干的纸巾。让我们将卷心菜的切面朝下，装入塑料袋中保存吧！

生菜会从被切的地方开始变色，所以并不适合切去菜心。我们可以用打湿后拧干的纸巾将生菜整个儿包裹起来，将切面朝下摆放。

番茄保存时要将蒂头朝下摆放。如果将几个番茄塞进袋子里一块儿这么放着，那么其中一个番茄的蒂头就会接触到别的番茄的果肉，造成番茄从被触碰到的果肉开始腐烂。

○ 菌菇类

去掉香菇的菌柄头（菌柄上较为坚硬的部分），彻底沥干水分。如果香菇上沾有水分就会发黏，还会容易起伤。我们应该将带着香菇杆的那头朝下，放入保鲜袋中保存。

其他菌菇的保存方式也与香菇相同，只要将菌菇的菌盖朝上放入保鲜袋中即可。

○ 佐料、使用过一部分的蔬菜

切过的生姜或者大蒜不仅个头较小，还容易变得散乱，我们可以将它们放在塑料容器中，做一个"佐料组合"。佐料的气味浓郁，将它们密闭保存是最好的选择。

另外，1/3 个胡萝卜、半个洋葱等余下的蔬菜也可以集中存放在一起。让我们把它们放到塑料容器或者保鲜袋中，**设立一个"想尽快用完的蔬菜角"**，然后放到最最醒目的地方去吧！

冰 箱 的 规 则 3

确 定 食 材 最 闪 耀 的 特 等 席 位

如果能够把食材存放的区域固定下来，就不会出现"咦，到底放在哪儿了"的情况。

终于可以跟大家聊一聊开关频率最高的冰箱的收纳问题了。

◇　　　◇　　　◇　　　用好带把手的储存柜　　　◇　　　◇　　　◇

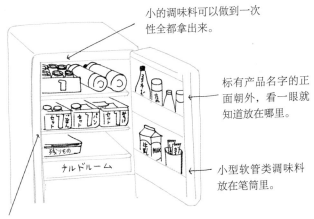

小的调味料可以做到一次性全都拿出来。

标有产品名字的正面朝外，看一眼就知道放在哪里。

小型软管类调味料放在笔筒里。

每天都要用的东西放在便于拿取的地方。

米饭组合：
话梅、腌菜等

面包组合：
黄油、果酱等

味噌汤：
味噌、豆腐等

每次到了做饭时间，你是不是都要来一次食材大搜索呢？

厉害了，我的厨房！

明明上次已经买了，却总是找不到，于是放弃搜索，结果在第二天又找到了，有这种情况吧？当然搜索的时间也是一种浪费。

提高冰箱中食物搜索速度的规则就是决定食材的"特等席位"。

为了全面杜绝"咦，我到底放哪儿了"的问题出现，防止明明家里有却再买一次的错误发生，让我们按照类别一起来决定它们的常驻地点吧！

另外，我特别希望大家能准备几个带把手的储存柜。因为储存柜若是有了把手，就可以一下子抽出来，放在里面的食材也就不会不见踪影了。这种储存柜在百元店里也可以买到。

◇　　◇　　◇　　◇　　◇　　◇　　◇　　◇　　◇

接下来，让我向大家介绍一下最能发挥各种食材美味的特等席位吧！

○ 适合放在最上层的物品

• **塑料瓶装物品和饮料**

大的塑料瓶横着放入冰箱。**因为如果把塑料瓶放在冰箱门这侧的格子里，就会瞬间占光所有的空间。**另外，我想很多家庭都有事先做些麦茶的习惯。麦茶只要不漏出来，也是可以灌到塑料瓶中横放在冰箱里的。这样，你不仅可以将麦茶放在冰箱的上层格子里，还可以放到蔬菜格子里哦。

容易变得散乱的小包装纸盒果汁、罐装咖啡可以装在带把手的储存柜中后，再放到冰箱上层。

• 小的调味料

辣油等装在小瓶中的调味料，要全部放进带把手的储存柜中后，再放到冰箱上层。取出来的时候，**可以一次性全部拿出来**。如果你在瓶盖上贴上标签，从上往下看时就可以做到一目了然，你也一下子可以找到你想要的东西。

另外，如果把使用频率较高的调味料和使用频率较低的调味料区分开来，那么你拿取调味料的速度还可以进一步提升。

有些人喜欢把琐碎的调味料放在冰箱门这侧的格子里，其实这样做会让你看不见调味料的标签，使用时你就不得不一瓶瓶地确认名称。还是让我们将它们一并放到储存柜中吧！

○ 适合放在冷藏格中的物品

•肉、鱼、火腿、香肠等

让我们将上述食材严严实实地放在袋子里密封起来，注意不要让液体外漏哦。

•乳制品（黄油、奶酪等）

集中放在冷藏格中。因为容易沾染气味，所以我们最好放上除臭剂。

大部分的冷藏格都是抽屉式的，很难看到里面存放的物品，所以这里是最容易被遗忘的角落。**让我们决定一下只放在这里的物品吧！**

○ 适合放在冰箱中间格里的物品

从高度上来说，拿取最方便的中间层是冰箱中非常重要的地方。大家可以把**每天都要用到的东西和经常要用的物品**放在这里。

•鸡蛋

如果你的冰箱没有配备存放鸡蛋的凹槽，你可以把鸡蛋放到专用的鸡蛋箱中，再置于便于拿取的地方。为了降低鸡蛋碎裂的风险，还是放在正常视线的下方比较合适。

在冰箱里，再没有比鸡蛋碎裂更悲惨的事情了。因为鸡蛋一旦碎裂，不仅会把冰箱弄得粘糊糊的，还会产生难闻的气味。

•"早上的组合套餐"

我在前文中介绍过的"早上的组合套餐"也要放在最方便拿取的中间层。

只要把话梅、腌菜等"米饭组合"，果酱、黄油等"面包组合"这种每天早上都要用到的东西一并放在带把手的储存柜中，就可以节约选取并拿出来的时间。

•"味噌汤组合"

味噌、豆腐等味噌汤中经常要用到的材料都要集中在一起存放。我想每天制作味噌汤的家庭一定很多，所以也请放在最容易拿取的中间层吧！

如果你还有些常用菜单，**请一定要试着做些独创的套餐哦！**

•剩余物品

空出来的空间**不要强行塞满**，可以设置一个"剩余物品角"。

让我们把剩余物品一起放到可以关紧盖子的容器中吧！因为这样容器可以叠放，不会造成空间上的浪费。

然后把它们集中到容易看得到的地方和方便拿取的地方吧！剩余物品都是一些从新鲜度考虑需要尽快食用的东西，所以要放在比较醒目的地方。只要你记着在下一餐中用到它们，就不会产生浪费。还有，最好能给它们贴上标签，以便知道里面存放了什么。

○ 适合放在冰箱门这侧格子里的物品

• 盒装牛奶、大的调味料、色拉调料、调料汁等

冰箱门这侧的格子适合放盒装牛奶、色拉调料、调料汁和蛋黄酱这些个头比较高的调味料。让我们在这些调味料的正面贴上标签，把它们变得像放在商店货架上的商品一样一目了然吧。个头矮的放前面，个头高的放后面，这是永恒不变的法则。

• 软管类物品

你可以把装了芥末的小软管从小盒子中取出来，直接竖着放在笔筒里，然后再放到冰箱门这侧的格子里。

我想大部分家庭早已经把软管类的调味料放在冰箱门

这侧的格子里了，只是它们时而翻倒时而杂乱，是不是存在这样的情况呢？我曾经从某户人家的冰箱里发现了三支相同牌子的软管装芥末。这一定是一下子没找到又去买的结果吧！

如果能把软管类的调味料放到笔筒中，统一保存于一处的话，就不会出现重复多次购买的情况了。

● 小的附属品

吃纳豆时蘸的芥末、调料汁以及真空包装寿司用的酱油芥末等附属品可以装进小盒子，再放到冰箱门这侧最上方的格子里。等你想搭配在便当里时，它们就会派上大用处了。

以上就是能让各种食材绽放光彩的最佳特等席位。

如果你能按照上述规则，分门别类地规定好每个物品的固定摆放位置，那么**当你使用完这些物品后也能很容易地放回去。**

冰　　箱　　的　　规　　则　　4

将　冰　箱　分　成　6　个　区　域

这样就不会出现食材用不完只能丢弃的情况了。

说完冰箱，我们再来聊一聊冷冻柜。

我观察过很多人的冷冻柜，几乎没有发现一个能够真正做到运用自如的人。有些人把做好的菜冷冻了起来，事后却因为搞不清楚是什么时候做的而倒掉。有些人将买来的冷冻食品囫囵扔进冷冻柜就算了事。还有些人把冷冻柜弄得乱七八糟，从不收拾。

冷冻柜并不只是用来冷冻食材的地方。在我看来，它应该是**一个可以轻轻松松保持食物鲜美的房间**。我甚至特别想对冷冻柜的发明者表示感谢。因为如果没有冷冻柜，我一定会被每天做菜、做便当和保存料理教室的食材等琐事搞得累死吧（笑）！

如果你是一个擅长利用冷冻柜的人，那么这项本领会帮助你节省很多时间和金钱。首先让我们一起来看看冷冻柜的收纳规则吧！

◇　　◇　　◇　　**冷冻柜最基本的使用方法**　　◇　　◇　　◇

手工制作的副食品，必须在冷冻后两周内吃完。因为食品的冷冻时间过长，就会出现"冻灼"现象（所谓冻灼，是指食物因干燥或氧化而出现口感、外观或味道上的变化）。一打开冷冻柜，外界的空气就会涌入柜中，致使食材融化产生水分。水分再一次冻结，像霜一样牢牢地附在食材表面，这种情况周而复始，食材就会逐渐干涸，最终造成"冻灼"。"冻灼"虽然没有让食材到达变质腐坏的地步，但也是造成冷冻超过两周后味道变差的原因。

另外，这也是制冰机中的水沾上讨厌气味的原因所在。

为了实现对冷冻柜的操控自如，我们必须把自己的冷冻柜变得既方便查看又方便拿取。

◇　　◇　　◇　　◇　　◇　　◇　　◇　　◇　　◇　　◇

让我们一起来控制好以下几点吧！

（1）贴上标签，对"具体是什么副食"、"什么时候做的副食"做到心中有数

让我们一起在标签上写下副食或食材的名称及冷冻时间，并把它贴上去吧！塑料容器可以贴在盖子上或者容器侧面，保鲜袋则可以贴在封口处。这是为了竖放时可以一目了然。

（2）保鲜袋要放平后冷冻

保鲜袋要挤去袋中的空气，让食材和保鲜袋紧密地贴附在一起，然后放在冷冻角中水平冷冻。这是为了方便之后在冷冻柜中直立保存。

（3）直立保存

将水平冷冻完的保鲜袋竖起来横向排成一排。容器或市场上销售的冷冻食品也是一样。**竖着冷冻保存是永恒不变的法则。**

严禁堆垒。不然转眼间你就搞不清楚什么东西放在哪里了。让我们在头脑中想象一下图书馆中井然有序、非常容易查找书的书架吧！

我在某户人家的冷冻柜里找到了三包完全相同的市场上的冷冻食品，每一包冷冻食品都曾被拆开使用过。这就是库存管理不到位的证据所在。

◇　◇　◇　**把冷冻柜分成 6 个区域**　◇　◇　◇

那么，我们应该把食材竖着放在哪里呢？

首先根据食材不同的种类确定各自的固定位置。冷冻柜可以分为6个区域:(1)肉;(2)鱼;(3)手工制作的副食、预先准备的蔬菜;(4)市场上销售的冷冻食品(蔬菜类);(5)市场上销售的冷冻食品(肉类);(6)面包、米饭。然后将食材分别放入。

这样,被问"那个冷冻食品放在哪里"的次数应该会锐减。

◇　　◇　　◇　　◇　　◇　　◇　　◇　　◇　　◇　　◇

就算有空余的空间,也不要强行塞满。稍微留点儿空间反而是件好事,这样就算临时收到什么礼物也可以有存放的空间了。

◇　　◇　　◇　　正确地使用"快速冷冻角"　　◇　　◇　　◇

各位自家的冰箱里,配备了快速冷冻角吗?如果有,请务必利用起来。如果没有,你可以在冷冻柜的一角放置一个不锈钢托盘或一块不锈钢板。这样一个快速冷冻角就建成了。

所谓快速冷冻角,物如其名,就是可以将食材快速冷冻的地方。放入一块导热性能绝佳的不锈钢板，可以让温度降得更低，这样就能把食材的美味、鲜度和营养元素紧紧锁住。

就算把食材装进保鲜袋，马上放入冷冻柜，它也无法直立起来，只会在软绵绵的状态下被冷冻成块。所以，我们得先在快速冷冻角让食材冻住，然后再放入冷冻柜。

◇　　◇　　◇　　◇　　◇　　◇　　◇　　◇　　◇　　◇

如果你觉得冷冻会影响食材的口味，那就大错特错了，因为冷冻柜恰恰是可以锁住美味的魔法屋。

肉分成小份后冷冻，叶类蔬菜焯水后冷冻

不能把从超市买来的食材就这么原封不动地进行冷冻。

你是否会不假思索地直接将买来的食材原封不动地冷冻起来呢？事实上，每种食材都有适合它自己的冷冻方法。在这里，我给大家介绍一下不同食材的冷冻规则。

○ 肉

不能将从超市买来的肉按照原来的包装方式原封不动地冷冻起来。因为这不仅不利于空间的合理利用，也是造成"冻灼"的根源所在。

要将切成薄片的肉、排骨和肉馅各自分成一餐份大小，用保鲜膜紧紧包裹起来以防止接触空气，然后再套上保鲜袋进行冷冻。

○ 米饭

米饭是不可能锁住它刚煮好时香喷喷的味道的，所以让我们赶在米饭放凉之前将它们分成小份吧！米饭既可以存放在专用的冷冻储存容器中，也可以裹上保鲜膜后冷冻。米饭有两人份库存就足够了。

○ 副食、意大利面酱料、咖喱

放入贴了标签的保鲜袋中，挤出空气后摊平，再放到冷冻角中。冷冻完毕后，竖着保存在冷冻柜中。如果能用上书架，可以使其直立不倒，时刻保持容易看到的状态。

○ 焯过水的蔬菜（土豆除外）

在放置于冷冻角的不锈钢托盘上铺上一层烤纸（如果不铺的话，蔬菜会跟不锈钢托盘牢牢粘在一起），然后将切成合适大小（以入口方便为宜）的焯过水的蔬菜排列整齐后放入冷冻角。待冷冻完毕后，装入保鲜袋中。如果将焯过水的蔬菜直接装袋冷冻，会冻成一大团，这点请特别注意。

○ 焯过水的带叶蔬菜（油菜、菠菜等）

将带叶蔬菜在盐水中焯一下并沥干水分，直接用保鲜膜裹上后放入保鲜袋中，再放入冷冻柜。切好的带叶蔬菜先在冷冻角冰冻后再放入保鲜袋。

○ 荷兰芹

将荷兰芹清洗干净，沥干水分，摘除叶尖部分后，装入充满空气的保鲜袋中冷冻。冷冻完毕后用手将袋子搓软，就可以直接使用了。挤掉空气后的荷兰芹会收缩变小，冻得硬梆梆的，再也不会软绵绵的了。

如果将荷兰芹的茎杆另行冷冻，也可以放在炖菜中增色添味哦。

○ 大蒜、生姜

大蒜剥皮后整粒冷冻。要用的时候，半解冻后切一下或者在不解冻状态下直接磨碎了使用。生姜去皮切成薄片后冷冻。要用的时候，直接切或者在不解冻的状态下磨碎了使用。

○ 葱、小葱、蘘荷

葱类从一端一点点切下后冷冻。蘘荷切成碎末后冷冻。它们都是可以直接使用的。

厉害了，我的厨房！

冰　　　箱　　　的　　　规　　　则　　　6

在日历上标出冷冻食品的保质期，进行可视化管理

让我们终结把冷冻食品当成垃圾扔掉的时代吧！

你是否遇到过自己冷冻起来的蔬菜、肉类、副食和米饭没有全部吃完的情况呢？恐怕你连曾经冷冻过它们这回事也忘得一干二净，只能在大扫除的时候才来处理它们吧！我相信很多人都有沮丧地一拍脑门说"哦，我又犯了同样的错误……"的时候。

在这里，**我将跟大家分享如何才能不让冷冻食品变成垃圾被扔掉的规则。**

自从我负责烹饪培训以来，常常需要大量冷冻各种食材，包括试菜或预先准备食材的冷冻、每天餐饭的冷冻等。但是，不管我自己的记性多好，也不可能把所有冷冻起来的食材都记住，意识到这一点后，我决定开始做一份"冷冻日历"。

所谓冷冻日历，就是以冷冻那一天后的一周或两周为期限，将各自的保质期写到日历上。也就是说，**我对冷冻食品的库存和保质期进行了可视化管理。**

虽然亲手制作的副食经过冷冻后，可以在某种程度上延长保质期，但还是让我们给它们设定一个使用期限吧！就像我在前文中跟大家分享过的那样，可以将两周作为保持食材鲜美的期限。

假设今天是 4 月 1 日，你就可以在两周后的 4 月 14 日的日历栏上写上"白米饭两人份"，等到用完后再把它们一个个地划掉。

这个划掉的动作可以给人带来无限快感。

○ 自己可以对冷冻食品操控自如。

○ 自己可以缩短工作时间。

○ 自己已经做好了一道可以上桌的佳肴。

这些暗示会让你做菜的意愿越来越强，自己想要变得更厉害的动力也就源源不断地出现了。

而且，只要有一道已经做好或者准备工作都已完成的菜，心情就会轻松很多，同时确定菜谱也就变得简单了。

当然，除了日历之外你也可以利用便签。总之，只要你能做到对冷冻柜中放着哪些食物、什么时候到期了如指掌就可以了。

让我们一起来完成这项华丽蜕变，让冷冻柜从只是**存放东西的场所**变成可以**灵活周转的魔法屋**吧！

冷冻食品最怕陷入只增不减的恶性循环，时间一长就再也没有可以存放的空间了。

这种时候，**就让我们思考一下以这些冷冻食品为主的菜单，一次性降低冷冻食品的库存吧!**

不过，在看过很多人的冷冻柜后，我想说的是，朋友们，你们买的市售冷冻食品实在太多。当我问他们为什么要买这么多冷冻食品时，一般都会得到这样的回答。

"万一碰到紧急情况可以用啊。"

你所谓的万一碰到的紧急情况，到底是什么时候?

如果你买的是做便当时要用的迷你牛肉薯饼之类的冷冻食品，我倒还可以理解。可是在没有任何具体计划的情况下，买来这么多冷冻食品实在是既费钱又占空间，而且你还会经常性地忘记它们的存在。

这些冷冻食品当真是你的必备品吗? 请试着问上自己10遍吧。

第五章
厨房收纳大作战

~ Chapter 5 ~

厨 房 收 纳 的 规 则 1

烹饪工具要区分适用于用水区域还是用火区域

工具或调味料的摆放应考虑拿取时是否方便。

在本章中，我将跟大家聊一聊工具整理、餐具清洗、厨房卫生等与厨房收纳整理相关的话题。

让我们从厨房收纳开始说起。

很多人都对厨房的收纳工作非常头疼。厨房太小，不知道哪个东西应该放在哪里都是困扰他们的问题。在这些人当中，是否有很多只在搬家当天整理过厨房呢？

虽然有很多邀请收纳专家教大家如何进行厨房收纳的电视节目和书籍，但我总是对他们的某些观点无法认同。他们习惯于把整理收纳的重点放在如何让厨房看起来美观整洁上，却忽视了便于烹饪和便于打扫这两个非常重要的关键。

真正的厨房收纳，关键并不在于让厨房看起来美观整洁。

厨房工具放在它们应该放的地方，厨房设计既要方便烹饪又要便于打扫，这才是正确的收纳王道。

在饮食店的厨房里，厨师可以以流畅的动作顺利地推进烹饪工作。之所以如此，是因为烹饪需要的工具总是被摆放在最佳的位置上。如果厨师每次拿锅子或调味料的时候都得思考一番，是不可能处理完所有的订单的。

家庭厨房也是同样的道理。让我们结合自己的动作，一起来摆放工具和调味料吧！

我们有必要先将烹饪工具分成两类，即用水区域用的工具和用火区域用的工具。

我们在用水区域通常会进行洗、削、切的动作，而在用火区域进行的则是加热、调味的动作，这就必然导致了不同区域中使用的工具各不相同。让我们试着按照以下方法来分一分类吧！

○ 应该摆放在用水区域的烹饪工具

- 洗菜时要用的工具→碗、笸箩等

- 削皮时要用的工具→削皮器等

- 切菜时要用的工具→菜刀、切片机、砧板等

- 混合时要用的工具→打蛋器、橡胶刮刀等

- 扔垃圾时要用的工具→塑料袋、沥水网等

按照这种分类，我们就可以把用水区域需要用到的工具确定下来了。

抹布和擦碗布也应该归到用水区域的工具中，因为东西洗完后都需要用它们来擦拭。

小苏打、除菌剂、漂白剂也是在用水区域使用比较频繁的物品，所以可以摆放在附近。另外，焯煮时会用到水，所以在用水区域准备一只**小型锅**也是比较方便的。

○ 应该摆放在用火区域的烹饪工具

• 加热时要用的东西→油、厚底锅、平底炒菜锅等

• 调味时要用的东西→盐、胡椒、香料等调味料

• 烹饪时要用的东西→锅铲、夹具、长筷子、大勺、尝咸淡的调羹、盘子等

按照这种分类，我们又把用火区域需要用到的工具确定下来了。

如果你能按照这样的规则布置厨房，那么你只要伸伸手就可以立刻拿到自己想用的工具。

厨房收纳的规则 2

不在看得见的地方放置物品

在看得见的地方放置物品会妨碍厨房保持清洁。

厨房收纳的基本原则就是把所有的东西都收起来放好。不要在燃气灶旁边放置调味料，或在厨房墙壁上悬挂炒锅和锅铲。因为**东西越多，打扫起厨房卫生来就越麻烦。**

烹饪过程中免不了油水四溅，所以一定会把放在附近的物品弄脏。但是如果四周空空如也，那么水槽或是厨房墙壁只要轻轻一擦就能干净如新。

我的某个学员的厨房是这样的。一眼看过去还比较干净，可燃气灶旁放了一排调味盒，每只调味盒都是黏糊糊的，沾满了灰尘。这个厨房有多难打扫可想而知。

为了打造一个便于打扫的厨房，请你务必形成这样的意识：东西一拿出来就不能随手放。

接下来，让我们一起来看一下不同物品的不同收纳方法吧！

○ 调味料

调味料的数量众多，盛放调味料的容器又形状各异，所以调味料的整理特别让人抓狂。不过，如果你能让它们的拿取非常顺畅便利，就会大大降低你做菜时的压力。

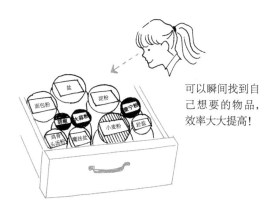

可以瞬间找到自己想要的物品，效率大大提高！

调味料是调味时要用的东西，所以应该属于用火区域的物品。我们尽可能把它们放置在燃气灶附近吧！

收纳的关键在于**能让自己一眼辨认出是什么调味料**。

所以，我们把写有胡椒、醋、智利辣酱油等的标签贴在调味料的盖子上。这样的话，打开抽屉时，哪里放着什么就一目了然了。抽屉最好低于自己的水平视线，以便从上方通盘扫视。

虽然贴标签的工作比较费时，但只要想到自己一打开抽屉，就可以立马知道哪个是什么调味料并瞬间拿出来，那种感觉是多么畅快啊。比起拿在手里一瓶瓶地确认，不知要节省多少时间呢。

可以在标签上印字的标签打印机是一个不错的选择。标签打印机的价格适中，打印出来的文字大小又很统一，所以更加容易查找。当然，使用比较流行的纸胶带也是可行的。

经常要用到的**糖、盐、小麦粉和淀粉**要分装到稍微大点的瓶子里，再在里面放一个计量调羹。你也要在这些东西的盖子上贴好标签。

也许有人会想，把这些东西一个个地从袋子里倒出来，再分装进各自的容器里未免太麻烦了吧。可是，比起每次做菜时都要从一公斤装的袋子里舀出几小调羹糖，这样的做法是不是会方便很多呢?

大袋的没有用完的调味料，要用夹子夹起来集中保存在一个地方。集中保存在一个地方就是关键。

因为如果把它们分开放，事后你不仅会忘记哪个放在了哪里，还会造成重复购买。让我们为它们专门准备一个储藏箱，把它们集中放在一处保存吧！因为所需的储存空间比较大，所以可以放到离厨房稍远点的地方。

也许适时地加以补充会比较麻烦，但是这些东西也不是几天之内就会用完的，而且一旦装调味料的瓶子清空了，你就会有一种"终于用完了"的成就感，心情也会变得分外舒畅。

○ 锅子、平底炒菜锅

这些东西要收纳在用火区域。不过小锅子放在用水区域也行哦！因为小锅子在煮鸡蛋这类小东西时非常方便。

锅子和平底炒菜锅要按照从大到小的顺序依次叠放。锅盖另行存放，可以按照尺寸大小竖着摆放。

○ 计量用具

量勺、量杯、秤具要全部集中起来，组合成一个"计量组合"一并收纳。

○ 油

毋庸置疑，油应该摆放在用火区域。最好的位置应该就是燃气灶下方。

这里我特别想推荐给大家一个方法，就是**把买来的油**

重新分装在香波瓶中。当然我说的香波瓶是作为替换容器在市场上销售的尚未使用过的新瓶子。

因为装香波的瓶子都是按压式容器，所以油滴不会挂在瓶子上，单只手也能使用，非常方便。香波瓶按压两次就相当于一大勺油，所以可以防止一次倒得太多或用量过度。

然后把它放在铺了厚厚几层厨房纸巾的储存箱中，方便拉取的款式比较好。

○ 咖啡和茶叶

每个人存放咖啡和茶叶的地方应该各不相同。

所以我能分享的收纳方法就是把咖啡、方糖、咖啡伴侣、小茶杯和茶壶集中在一起成套摆放。

我非常喜欢饮茶、喝咖啡，一天要喝好几回，所以我把它们放在水槽上方容易拿取的地方。

○ 保鲜膜、保鲜袋

保鲜膜和保鲜袋放在用水区域是比较理想的。

保鲜膜既可以横放在安装在墙壁上的橱柜里，也可以放在水槽上方的橱柜中。

因为我想把经常要用的调味料和烹饪工具等物品放在厨房的抽屉里，所以会尽量避免保鲜膜侵占那里的地盘。

让我们把保鲜袋全部从包装盒中拿出来吧！因为保鲜盒远比想象中的大，很占空间。从包装盒中取出来后，你可以用皮筋把保鲜袋扎起来竖放在笔筒里。之后就可以像抽取湿巾纸一样，从中间一下抽出来用。

○ 储存容器

虽然是常用物品，但储存容器应该没有平底炒菜锅或杯子的使用频率高，所以你可以把它们放在踮起脚便能够到的地方。

储存容器的数量应该不少，所以你可以像俄罗斯套娃一样，把小的套在大的里。为了防止储存容器掉落下来，还是让我们把它们放到带把手的储存柜中去吧！

盖子和盖子放在一起，你可以将它们按照从大到小的顺序从左侧依次竖着摆放。这种收纳方法既能使摆放的个数最多，又便于拿取。

○ 筷子、小刀、叉子、调羹

即使你拥有很多的筷子、刀叉和调羹，每天用到的东西是不是还是一成不变呢？

所以通常情况下我会准备一些**"餐厅组合装"**。所谓的餐厅组合装，就是按照家人的人头数准备好相应的筷子、刀叉和调羹，并把它们一整套一整套地放在小筐子里。这种组合装在家庭餐厅或咖啡馆中比较常见。

你可以将它们成套存放在碗柜里。开饭的时候，直接放到餐桌上即可，你也不用在厨房和餐桌之间来回奔波了。

○ 擦碗布、抹布

这些都是放在用水区域的物品。最好的收纳地点是水槽附近。**不要把擦碗布和抹布叠放在一起，而应该竖着收纳**。因为这样不仅能让你不受使用频率的限制随意使用，还能帮助你时刻掌握擦碗布或抹布的数量。

○ 洗洁精、清洁用品

这些物品要放在用水区域。特别适合放在水槽下方。

我好像听到了这样的声音：水槽下面已经放不下

了……可是你有没有察觉水槽下面虽然摆放了很多东西，但相对较高的地方还是有一些意想不到的剩余收纳空间呢？

你可以在水槽下方架起一根支撑棍，挂上一些洗涤喷雾，让我们把这块死角有效地利用起来吧！另外，我还推荐你在水槽下方摆放一些收纳箱等可以有效利用空间的东西。

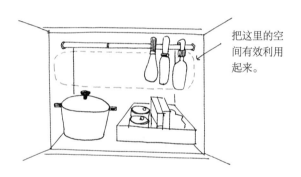

把这里的空间有效利用起来。

每天使用的**去污海绵和清洗餐具的洗洁精用好以后也可以放在水槽下方。**

恐怕很多人都会在水槽附近安装海绵架子或是海绵槽，其实它们都是厨房清洁的绊脚石。一来海绵架子或海绵槽的下方手不容易够到，二来容易形成水垢。每次打扫时把它们卸下来又很麻烦，所以干脆一开始就把它们拆了为妙。

厨房的收纳工作并不是一次就能彻底搞定的。随着生活方式的变化和家庭成员人数的增减，使用的烹饪工具或调味料也会发生相应变化。所以，我建议你最好每半年重新调整一次。相信每一次的更新，会有助于你提升烹饪和整理收拾的速度。

厨房收纳的规则 3

定下某一天你可能会用到的东西的数量

收纳地点不必拘泥于厨房。

在这里，我要跟大家聊一聊出场次数很少，却不能全部丢弃的物品的收纳规则。

○ 某天可能会用到的物品

超市或便利店的塑料袋。百货店专用纸袋或装名牌商品的纸袋。礼品包装纸、丝带。空果酱瓶。盛放高档糕点的金属礼盒。

这些都是大家想得到的、可能会在某天用到的物品。

让我们给它们定个合理的个数吧！

塑料袋只保留 10 个。你也可以找一个专门存放塑料袋的盒子，等这个盒子装满了就不再储存。

纸袋大中小各备 3 个。

包装纸和丝带保留 10 套。

空瓶大中小各 2 个。

金属礼盒如果一时找不到合适的用途就立刻丢弃。

如果定下了数量，就不用思考何时该把它们丢弃的问题了。

另外，塑料袋、纸袋和包装纸要竖着存放且不要叠在一起。特别是塑料袋，很多人都是打个结存放的，这就是造成空间狭窄的原因。让我们把它们一个个整齐地折叠好，竖起来收纳吧！因为如果采用这种收纳方法，在数量相同的情况下，体积只有原先的 1/5。

○ 活动用品、派对用品

过年、情人节、生日、万圣节、圣诞节用的季节性活动用品。

烤章鱼的烤台、刨冰机、电炉、做华夫饼的机器、打荞麦面的用具组合、做芝士蛋糕或烧烤的用具组合等。

这些东西一年能用到几回？说不定几年才偶尔用到一次吧？

这些东西根本没有必要放在厨房里，放在壁橱或卧室就可以了。放在箱子里，甚至鞋柜里都可以（笑）。

我曾经去过某个学员的家，发现最方便使用的橱柜里竟然存放着许多派对用品。这真是浪费至极。让我们在厨房架子上只放些真正经常使用的东西吧！

在我的料理教室里，设计了很多以招待客人为主题的课程，所以盘子器皿很多，制作糕点用的烹饪工具也是一应俱全。另外在上与公务料理相关的课程时，会用到几十个人的盘子，所以我总会多准备一些。

因此对我而言，确保所有物品都有收纳场所是件难度挺高的工作。我在阳台上做了一个小型库房，存放那些使用频率很低的工具或盘子，而在厨房里只放置一些经常用到的物品。

虽然我觉得大家没有必要做到我那样的程度，不过如果有人抱怨自己的收纳场所不够，那么我建议你**不要只盯着厨房，转换一下视角，找一找还有其他什么合适的收纳场所**。

厨房收纳的规则 4

小户型厨房从确保洗、切、加热的空间做起

让我们一点一点地腾出空间，绝不轻言放弃。

我经常听到这样的抱怨：家里的厨房实在是太小了。请你千万不要因为想了很多办法也没能腾出多余的空间而轻言放弃。只要你明白了其中的规则，厨房自然会变出许多空间，让你越用越顺手。

　　做菜时一定无法避免做出以下这些动作：在水槽里洗菜、在流理台上切菜、在燃气灶上烧菜。

　　所以厨房必须满足"有足够的洗菜空间"、"把菜切好后有地方放菜"和"燃气灶周围没有杂物，非常通风"这些重要条件。

　　经常因厨房琐事焦躁不安的人，恐怕都是因为厨房中的这些区域过于狭窄而倍感压力吧！

　　这是我去某朋友家玩时看到的。在她家狭小的水槽中隔出了一个很大的三角形角落，原本不大的台面上放了一个很大的沥水筐，双头燃气灶周围还摆满了各种物品。

　　据说，因为厨房太小，她一直都是在餐桌上切菜的。因此每次做菜都要在厨房和餐桌之间往返多次，效率非常低。

我给大家介绍一下如何让小户型的厨房变得易于烹饪的四大规则。

（1）不在水槽中摆放任何物品

（2）不在操作台面上放置沥水筐

（3）燃气灶周围要保持空无一物

（4）腾出一个临时存放场所

（1）不在水槽中摆放任何物品

一个小小的水槽光是洗洗东西就已经很够呛了。

为了充分利用空间，我选择把洗洁精架子、海绵架子等物品放在水槽下方，正如前文所说的那样。如果你把它们放在横条镂空式的货架或是小竹篓里，第二天时就会沥干。

也许你觉得每天这样拿进拿出非常麻烦，请你仔细想想，包括饭后的碗筷整理等在内的大量碗筷清洗工作一天要进行两到三次之多，而现在只要伸伸手就行，也就不会造成任何压力了。

三角形的角落也应撤去不要。

在水槽下方挂一个塑料袋，把大一些的垃圾都扔进这个袋子里。

残渣等小垃圾可以直接排到排水口的垃圾网兜处。一天结束，将这些垃圾沥干水分后放到挂在水槽下方的塑料袋中，扎紧袋口就可以扔掉了。

（2）不要在操作台面上放置沥水筐

再没有比在狭窄拥挤的操作台面上放置一个沥水筐更浪费空间的事情了。如果洗干净的餐具放到沥水筐后再放到操作台面上会影响切菜，那么请你把它撤走。

我建议你用折叠式的沥水筐取而代之。另外，如果连安装在墙面上的架子也都换成网眼状的话，水分就更容易被沥干了。

甚至干脆就不要装什么沥水筐，铺一块干燥的擦碗巾，直接把洗干净的碗堆在上面，这也不失为一种不错的选择。

总之，操作台面是用来切食材、混合食材的地方，必须确保它有足够大的空间，这是提高效率的关键所在。

（3）燃气灶周围要保持空无一物

有些人为了拿取方便，就在燃气灶周围放上一大堆的调味料、大勺或是锅铲。

原本厨房就小，操作不便就不用说了，油滴飞溅还会把厨房搞得很不卫生。每天去擦拭烹饪工具或调味料盒子也不现实。

让我们停止在燃气灶周围放置物品吧！我建议大家把烹饪工具和调味料都收起来。

（4）腾出一个临时存放场所

切好的蔬菜、事先备下的东西以及相应的调味料，大家都是放在哪里的呢？是不是地方太小，迫不得已胡乱放在各种地方呢？我有个朋友，她就一直忍耐着把切好的蔬菜放在洗衣机上。

所以，我建议你有意识地腾出一个临时存放物品的场所。在切菜的位置附近设置一个小型的横管式架子应该会非常方便。这样就可以将切好的蔬菜、接下来要加热的物品等放在上面，还可以当作盛菜碟子的临时存放场所呢。

当然，平时这个地方最好不要放置任何物品。

请不要为了厨房过于狭小而灰心丧气，让我们首先从确保"洗菜的地方"、"切菜的地方"、"加热的地方"这三个空间开始做起吧！

厉害了，我的厨房！

收 拾 整 理 的 规 则 1

清 洗 餐 具 从 易 碎 的 玻 璃 杯 开 始

餐 具 的 清 洗 有 正 确 的 顺 序 。

有了存放刚洗干净的餐具的沥水筐。你都在沥水筐里放了些什么呢？如果什么都没放就堪称完美。请你直接跳过本页。

如果你把昨天洗完的餐具原封不动地放在沥水筐里，如果沥水筐已经成了你放置饭碗、常规用的盘子的固定橱柜，那么请你将下面要讲到的清洗餐具的规则变成自己的习惯吧！

物如其名，所谓沥水筐就是将洗过餐具中残留的水分沥干的地方，并不是收纳场所。**如果沥水筐乱七八糟的，整个厨房都会给人杂乱无章的感觉，做菜的意愿当然就大大降低了。**

为了让沥水筐始终保持令人舒畅的感觉，首先要解决餐具的清洗顺序这个关键问题。另外，擦拭的方法也很重要。

你平时是按什么顺序清洗烹饪工具或餐具的呢？也许你会把饭碗浸在水中，把油腻的餐具放到最后清洗，但是其他更小的细节你是不是就不会那么在意了呢？

请你务必按照以下顺序清洗餐具。

（1）清洗易碎的玻璃杯

（2）清洗大餐具

（3）清洗小餐具

（4）清洗油腻腻的餐具

（1）清洗易碎的玻璃杯

让我们从最易碎的玻璃杯开始清洗吧！要用还没沾上油污、尚且干净的海绵先清洗易碎的玻璃杯。

洗完玻璃杯后不要把它们放到沥水筐中，而是铺一块毛巾，依次将洗好的玻璃杯倒扣着放在上面。因为放到沥水筐中会有使玻璃杯翻倒破碎的可能。

饮食店里虽然也有洗玻璃杯的专用海绵，但在家里也要熟练运用两种海绵比较困难。只要从玻璃杯开始洗起，玻璃杯就不会沾上油污，也不会摔破。

（2）清洗大餐具

接下来我们来洗锅子、大盘子这些比较大的餐具吧！洗完后把它们倒扣在沥水筐中。趁着这些大餐具还在沥水，我们可以将刚才洗好的玻璃杯擦干后放到餐柜里。

大餐具很容易占满厨房。所以为了确保有足够的空间，我们要先从大餐具开始清洗，并在洗完后立刻收拾干净。

（3）清洗小餐具

接下来开始清洗浸在水中的饭碗、小盘子、筷子等小餐具，你可以从相对较大的餐具开始，把它们一样一样像士兵列队似的整齐摆放在沥水筐中。

摆放时要注意不要一个个叠上去，而是要左右整齐排列。这样不仅水能沥得很干，也可以放置很多餐具，收拾整理的时间也能够缩短。饭碗、器皿可以倒扣叠放，只是它们的底部容易积水，所以要特别注意擦拭干净。

（4）清洗油腻腻的餐具

最后清洗油腻腻的餐具和水槽内侧。等放在沥水筐中的所有餐具都擦干后，你就可以把它们收到橱柜中去了。

之前没有意识到洗餐具要按照一定顺序的人、像玩抽积木游戏一样将餐具不断叠上去使其处于危险状态的人，一定要试试这个方法。

顺便提一句，如果沥水筐沥出的水能够直接通到水槽中，沥水的效率就会更高。

◇　　◇　**用来清洗餐具的洗洁精每次只要按压一次**　◇　　◇

再告诉大家一个关于使用洗洁精的诀窍。

不知大家洗一次餐具要在海绵上额外添加几次洗洁精呢？是三次还是五次？

听说某位单身独居的朋友可以在很短的时间内用完一瓶洗洁精，所以她总是备着3瓶1升装的替换装洗洁精。这个量怎么说也太多了。虽然这位朋友的例子极为罕见，不过从整体上看，大家使用洗洁精的量还是偏多的。

不在清洗餐具的途中再次添加洗洁精。按压喷嘴一次的量就足够了。

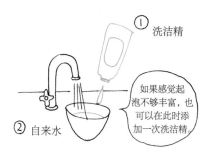

① 洗洁精

② 自来水

如果感觉起泡不够丰富，也可以在此时添加一次洗洁精。

我会在小碗中滴几滴洗洁精，然后加水稀释。具体的做法是，半杯水加按压一次的洗洁精。然后用海绵沾上稀释后的洗洁精开始洗餐具。这样既能够有足够的洗洁精将餐具洗干净，也不用一次次地添加洗洁精，清洗的速度自然得到了提高。

◇　　◇　　◇　　◇　　◇　　◇　　◇　　◇　　◇　　◇

我把这个方法教给了那个朋友，她感激地说，这个方法不仅没有降低洗洁精的洁净力，还非常经济实惠。

让我们在每次使用洗洁精之前都稀释一下吧！如果把水加到整瓶洗洁精中稀释，会使瓶内的细菌繁殖，无法长期保存，这点要格外注意。

收 拾 整 理 的 规 则 2

餐 具 要 用 干 的 擦 碗 布 擦 拭 干 净

让我们摒弃"只用一块擦碗布"的固定思维吧!

与餐具清洗密不可分的就是擦干餐具这个步骤。

也许有人会说："我家的餐具都是放着自然晾干的，根本不用擦干。"

但是你有把晾干后的餐具放回原来的橱柜中吗？直到第二天洗餐具之前，你是否一直都这么放着呢？就像你有自己的家一样，餐具也应该有它自己的家。

让我们养成"清洗→擦拭→收好"的习惯吧！

擦拭餐具的关键在于，**用干的擦碗布把餐具擦拭干净**。

听起来似乎非常普通，其实"干的擦碗布"这点非常重要。

你是否有过这样的体验：叠在一起的碗上散发着异味；玻璃杯壁变得朦朦胧胧，好似起雾了一样?

那是因为你自以为擦干的餐具上其实还残留着不少水分，而这些水分又滋生出了很多细菌。在天气炎热或湿度较高的日子，你得特别注意。

一旦擦碗布湿了，就让我们换成干的吧！这样做不仅

厉害了，我的厨房！

能提高效率，还能使烹饪工具或餐具保持清洁。

一直用湿透的擦碗布擦盘子的人要比想象中的还多，所以请你摒弃**"一次只用一块擦碗布"**的老旧观念吧！

并不是所有的厨房都会配备餐具烘干机，家庭成员超过 3 人的家庭是不可能做到只用一块擦碗布就能擦干所有烹饪器具、餐具或者杯子的。虽然餐具的数量不同，所需的擦碗布数量也不一样，但按照一次大约用掉 3 块计算，你准备 10 块擦碗布还是很有必要的。如果家庭成员超过 4 人，准备 12 块就没问题了！可能有人会觉得，这么多擦碗布光洗洗都累死人了，但其实洗 1 块擦碗布和洗 5 块擦碗布所用的精力是一样的。

在我的料理教室中，每次都要擦 4 个锅子、4 个平底炒菜锅、30 只碗、40 个玻璃杯、60 只盘子和 60 把刀具，所以仅用擦碗布根本来不及，我们用的是 20 块比较厚的毛巾。

>> 怎样的擦碗布才是最好的呢

同是擦碗布，种类却不少。总之只要是不起球、紧实牢固、能擦得干净的擦碗布都是可以的。

　　只是擦碗布尺寸不能过小，要能够把整个餐具包起来的才行。把擦碗布盖在餐具上，两手紧紧拿住，一边转动餐具一边擦拭水分。10根手指充分利用起来，同时还要擦到餐具的底部和周围，这才是高效的擦拭方法。

　　为了保持玻璃杯的迷人光泽，我建议你使用有别于其他餐具的纤维布擦拭。

三 块 抹 布 就 能 打 造 一 个 干 净 整 洁 的 厨 房

原来只用一块抹布是无法保持厨房干净卫生的。

在这里，我要跟大家聊一聊有关打扫厨房的话题。那些每天把厨房搞得脏兮兮、打扫卫生又很辛苦的朋友，等你准备好了这些抹布，也许问题就迎刃而解了。

请你在脑海里回想一下寿司店的情况吧。

你有发现主厨切完主菜后会擦菜刀，擦砧板；与人握手之后又会擦手；和顾客谈话时，总是擦拭烹饪台吗？

寿司店是要处理鲜鱼的，所以无论如何都得保持厨房的清洁卫生。一般家庭虽然不用做到那种地步，但厨房的清洁卫生还是需要注意的。

日本湿气重，厨房特别容易脏，如果不保持好用水场所的清洁卫生，就会给自己和家人的健康带来不小的隐患。

即便如此，也不需要每餐过后都来一次大扫除，更不需要什么强力洗洁精。**你只要准备三块抹布**，就能使厨房光亮如新，始终保持清洁。

这三块抹布可以放在以下三个地方。

（1）水龙头旁边

（2）燃气灶旁边

（3）砧板（操作台）旁边

　　它们的使用方法非常简单。**一旦有油或者水溅到这些地方，就立刻用抹布擦掉**。煮含有牛奶或酱油的汁水时，有时会煮开溢出来，这时就让我们趁热覆上抹布吧！

　　如果你有"待会儿再做，明天再清理"的想法，就会遭受沉重打击。因为脏污越积越多，就算用了除污喷雾，一丁点儿的污渍残留也会转化成擦不掉的顽固污渍。也就是说，厨房里的清扫工作就是将油和水立刻擦去。这样就能省去事后特意打扫卫生的麻烦。

　　那么，为什么需要三块抹布呢？

　　我的娘家及朋友请客的地方，也只有一块抹布。想用这么一块抹布来照顾到所有地方是很困难的。

　　用火区域、用水区域、操作台周围以及餐桌，**这么多地方都用一块抹布擦是极其不便的**。

　　特别是用火区域油滴容易溅出，用擦了油渍的抹布再去擦餐桌，就会把油污弄得到处都是。虽说如此，如果你每洗一次再擦，就需要多得令人咋舌的大量时间。

　　每次做菜都要用三块抹布是不是有些浪费？可能有人会产生这样的想法。但是，无论是一块还是三块，清洗所需的时间都是一样的。你可以在百元店中买到很多价格低廉的抹布，而且立刻擦掉比你事后花大量时间去除那些紧紧附着的污渍要轻松省时得多。

　　最近，有些厚实的厨房纸巾非常畅销。这些纸即使洗过了用力拧也不会破，非常结实，所以我推荐给大家使用。

　　有时我觉得洗抹布很麻烦，也会用上一次性纸巾。轻轻冲洗紧紧绞干后还可以用来擦拭冰箱的里里外外、电饭煲或者墙壁，最后将地板上的脏污擦拭干净后"啪"的一下扔掉即可。

　　最好的做法就是绝对不让厨房的脏污过夜留到第二天。

打　　扫　　的　　规　　则　　2

去油污用小苏打，水槽要擦干

没必要集齐各种洗剂。

在前一节中，我跟大家分享了烹饪时如何使用三块抹布不留下一点污渍的规则。

但是，即便如此，厨房还是会被弄脏。在这里，我将向大家介绍一下厨房被弄脏后的清洁方法。

其实不需要什么特别的武器，你只需记住"去油污用小苏打"这句话即可。小苏打本身可以食用，所以用起来让人放心。

（1）炉灶支架

所谓炉灶支架，就是把锅子或水壶放在火上烧时，支撑它们的架子。

炉灶支架很容易沾上油和汁水，所以很脏。让我们养成做完菜后擦洗炉灶支架的习惯吧，就如同餐后清洗盘子一样。

你只要把溶解了小苏打的水灌到喷雾瓶中，然后"咻咻"喷几下、用海绵擦拭干净就可以了。当然，你也可以选择市面上卖的厨房专用洗剂。

特别是**用锅子煮过东西后，马上喷一下就可以把油污轻而易举地擦掉**。我一般都是在做完菜后喷上小苏打水，吃完饭整理餐具的同时一并清理炉灶支架的。

如果污渍粘得很牢，是不容易被擦掉的，但你也不必动用专业的除污喷雾剂。你可以在和洗澡水差不多温度的开水里溶解些小苏打，然后把炉灶支架放在里面浸泡30分钟，再用旧牙刷刷一下。

如果这样也无法去污时，你可以在锅子里加1升开水，兑上一大勺小苏打煮沸。然后把炉灶支架放在里面浸泡上两小时，用牙刷或刷帚刷洗就可以去除污渍了。

（2）水槽

洗完餐具后，让我们直接用残留着洗洁精的海绵清洗水槽吧！

每天清洗水槽的人应该很多，不过水龙头周围的清洁最容易被人遗漏。我一直认为，水龙头就是整个厨房的脸面。只要水龙头闪光锃亮，整个厨房就会看起来光辉无比，这点真是不可思议。所以请你务必把水龙头擦洗干净。

削土豆的时候，可以用土豆皮轻轻擦拭水槽。只要擦完土豆皮后用水一冲，水槽就会变得光亮如新。这是因为土豆中的淀粉质很粗糙，能够成为去污粉替代品。

记得最后要把水槽擦干。

如果任由水槽中的水滴残留，干了以后就会留下白线，非常碍眼。它们的真实身份其实是水垢或者肥皂渣。水垢是由自来水中的矿物质凝结而成的。**如果能每次擦干，水槽中就不会出现白色的线条。**擦干只需 5 秒，请你擦水槽的时候千万不要觉得麻烦。

（3）烤鱼的烤网

烤网或者托盘请用专用的洗涤剂清洗。

比较严重的污垢可以撒上小苏打，放置 10 分钟后，用海绵或刷帚刷掉。

（4）换气扇

比较理想的做法是每三个月打扫一次卫生，即一年四次。如果这样安排，你是否比较有信心了呢？一般家庭的换气扇如果能做到每三个月打扫一次的话，一般的洗洁精也能轻轻松松地搞定。

无论如何一年也只能打扫一次卫生的朋友，我建议你还是用小苏打吧!

首先轻轻地撒上小苏打粉,然后用牙刷或者刷帚刷掉。

如果用了小苏打还是无法清理干净,请用薄型透明文件夹的一角刮。之后,可以在垃圾袋这种大袋子中加入溶解了小苏打的热水,将风扇等零件直接浸泡在其中数小时。这样就会泡出很多油渍,之后只要用毛巾一擦就能轻松去除污垢了。

(5)厨房地面

铺在厨房里的蹭鞋垫是不需要的。

蹭鞋垫看似能够防止厨房地板上的污渍蔓延,其实当脚踩在渗着油和水的蹭鞋垫上时,鞋底就已经沾上了污渍,这些污渍会随着你的走动扩散出去。

而且,**厨房的蹭鞋垫到底该在什么时候清洗呢?**因为蹭鞋垫上沾满了油水,相当脏,所以应该不会有人将它和衣服等物品放在一起清洗。虽说如此,特意去洗蹭鞋垫也是非常麻烦的。

让我们在炒菜时,事先在地板上铺上抹布或者报纸,等到做完菜就马上擦拭干净吧!

其他的地方也要遵循"用完就擦，或者用完就洗干净"的原则。

　　这样就可以始终保持厨房的清洁，让人一进厨房就有做菜的欲望。

厉害了，我的厨房！

垃圾的规则

用咖啡渣和小苏打消除讨厌的气味

恶臭会使厨房中的空气凝滞。让我们

行动起来，彻底除去厨房恶臭吧！

相较于其他地方，住在高级公寓里的朋友总是能够做到将垃圾扔进指定的垃圾箱里。而不住在高级公寓里的朋友则必须等到垃圾收集日才能够扔出垃圾，所以很多人会把垃圾暂时存放在阳台等地。

这些垃圾包括厨房垃圾、烟蒂、婴儿尿不湿等种种会散发出难闻气味的东西。特别是到了夏天，还会因为容易生虫而让人费神费力。

上述这些人中，应该不乏将厨房垃圾冷冻起来之人，不过要在吃到嘴里的食品旁边放上垃圾，多少让人有些抵触。

讨厌的气味会瞬间降低人的做菜欲望。所以要将垃圾终结在产生难闻的气味之前。

在这里，我将向大家介绍一些**不会产生难闻气味的规则**。

（1）彻底排干水分

产生恶臭的原因在于细菌的滋生。

当你把蛋壳当作垃圾扔掉时，蛋壳里是否还残留着水

厉害了，我的厨房！

分？沥水筐或者厨房纸巾中的水分都弄干了吗？让我们在扔垃圾之前，好好确认一下是否已经把垃圾中的水都弄干了吧！

（2）在垃圾收集日的前一天做鱼

自然，鱼也是产生恶臭的原因之一。为了尽可能不在身边放置鱼类垃圾，让我们在离垃圾收集日较近的日子做鱼吧！

（3）加入小苏打

小苏打不仅可以用来打扫卫生，还具有除臭功能。你只需像撒紫菜盐一样把小苏打撒在装满垃圾的袋子中。

小苏打呈碱性。食材受伤后散发出来的气味多由酸性物质所致，所以用碱性的小苏打进行中和，可以减少难闻的气味。

在装满厨房垃圾的袋子里事先放入少量的小苏打也是很有效的。小苏打多多少少能帮助吸收掉一些水分。

（4）加入咖啡渣

咖啡渣也对除臭有效。据说它的除臭效果比家用除臭剂中的活性炭还好。

具体的操作方法很简单，只需在装满垃圾的袋子中零散地撒上一些咖啡渣即可。经常喝咖啡的朋友一定要试试这个方法。

（5）如何紧扎袋口

对付那些会出水的垃圾，需要在垃圾袋中垫上厨房纸巾或者报纸。你可以一边压紧垃圾，一边将垃圾袋口一圈圈地拧紧缚住，注意不要让空气进入。夏天的时候，让我们再多套一只袋子死死扎紧吧！

鱼类垃圾、婴儿尿不湿等垃圾也可以采用这种方式。

如果用十字法扎住袋口，空气进入后会造成细菌繁殖，臭气外溢，所以我并不推崇这种方法。

在充满令人作呕气味的厨房里，是不可能唤起做菜的热情的。让我们彻底消除厨房恶臭，打造一个充满清新空气的厨房吧！

第六章
高效下厨离不开的厨房利器

~ Chapter 6 ~

调 味 料 的 规 则

只 留 下 每 周 使 用 超 过 三 次 的 调 味 料

让 我 们 把 那 些 难 以 掌 控 的 调 味 料 都 处 理 掉 吧!

终于到最后一章了。在这里，我想跟大家聊一聊关于调味料和烹饪工具的话题。

大家都用些什么调味料呢？应该有认准某个调味料牌子的人，也有偶尔选择便宜货的人吧！

调味料虽然在调味上非常方便，但如果购买的量超过了实际的需要，就会造成存放空间上的浪费。最好的做法是只留下每周使用超过三次的调味料。

在这里，我将向大家介绍一下除了最基本的盐、糖之外，还应该准备哪些调味料。

○ 浓口酱油和淡口酱油

酱油是调味料中最基本的调味产品，几乎用不着对它做什么特别的介绍。想把味道调浓些或想激发出食材原有的味道时都用得着它。

大众烹饪书中所写的酱油，一般指的都是"浓口酱油"。其香味浓郁，可以帮助去除鱼肉的腥味，与日本人喜食白米饭加甜辣菜的饮食习惯非常匹配。

另外，"淡口酱油"也是必不可少的。它一般用在鸡蛋羹、高汤、芜菁、萝卜等不想染上颜色的浅色料理中。

只是**它颜色虽浅，却比浓口酱油含有更多盐分，所以添加时千万不能过量。**淡口酱油之所以颜色偏浅，是因为它的酿造方法较为特殊，为了抑制其发酵熟成，缩短酿造时间，淡口酱油中添加了较高浓度的食盐。

○ 胡椒

胡椒要选那种以整粒包装、研磨时会发出"咯吱咯吱"声音的胡椒，而不是已经研磨过的胡椒粒，因为它们的香味是完全不同的。

黑胡椒适用于牛羊等红色肉类。它香味浓郁，最适合用来消除肉腥味。

白胡椒相对温和，为了不失其清淡的口味，一般用在鸡肉、猪肉、鱼肉等白色肉类上。另外，像萝卜、芜菁、奶油浓汤等菜，因含有较多清淡的食材，也会用到白胡椒。

○ 醋

醋拌凉菜、色拉调料自不必说，预先调味时为了便于保存也会用到它。

醋可以分为米醋和谷物醋两大类。

日式料理中用的都是大米酿造的香醇米醋。谷物醋是以小麦、玉米等为原料酿造而成的，因其口感清爽，被广泛应用于各种菜肴中。

黑醋是将原料（生产厂家不同原料各异）长时间熟成的产物，所以是黑色的，其特点是酸味醇厚温和，日餐、西餐、中餐都很适合。让我们选择自己喜欢的醋吧！

○ 酒

在煮菜、烩菜里加上酒，会做出味道深邃的极品。而且，酒还能消除肉或鱼的腥味。

不过，为了便于在做菜时使用，一般市售的料酒中掺入了调鲜的调味料和盐。那也正是料酒破坏味道平衡的原因所在。对日式料理我推荐大家使用饮用的清酒，而不是料酒。用不完的时候，让我们把剩余的酒灌进随饮机中吧。

○ 味噌

味噌汤、田乐豆腐、酱腌菜自不必说，预先调味或做腌泡汁时都用得着它。

总之，味噌的种类太多，我也不知道具体有什么区别——怀着这种想法，凭着感觉买味噌的人是不是很多呢？

味噌是在煮过的大豆里加上曲子和盐发酵而成的，可大致分为用了米曲的米味噌、用了麦曲的麦味噌和直接在大豆上加曲霉的大味噌三类。其中米味噌最受欢迎，约占全部产量的八成左右。

另外，还存在红味噌、白味噌、淡色味噌等不同颜色的味噌。味噌的发酵时间越长，颜色越红，盐分增加，醇厚感就出来了。而发酵时间短的味噌，则颜色泛白，会残留曲子的甘甜。介于红味噌和白味噌之间，还有一种代表了信州味噌的"淡色味噌"。

你是想把菜做得淡些，还是浓些？是甜些，还是辣些？**请根据自己最后想要得到的效果自行选择味噌吧！**

○ **本味醂**（酒精度在 14% 的真正味醂）

甜料酒（即味醂）能够增加菜的醇厚感和清爽的甜味。它最大的特点在于能演绎出酒和砂糖混合在一起时的自然甘甜和美味。如果能在煮菜或炒菜的最后阶段加上点儿甜料酒，就能完善整道菜的口感。

甜料酒是用蒸过的糯米、烧酒掺入米曲熟成后做成的。市场上还有由饴糖和鲜味调味料等混合做成的"甜料酒风味的调味料"。不过，这种产品里面基本不含酒精，**所以达不到与本味醂相同的最终效果。**如果可以，还是请你选择本味醂吧！

○ 太白芝麻油

太白芝麻油不同于一般的褐色芝麻油，它是直接用未经烘焙的生芝麻压榨而成的。它的特点在于，油色近乎透明，没有芝麻独特的清香。

它在中餐中的应用自不必说，日餐、西餐、做糕点时也都会用到。它的魅力在于不逊于黄油的风味和自身的低热量，非常适合用来烤薄烤饼或是烤面包。

○ 特级初榨橄榄油

在人们的印象中，橄榄油多用于西餐，**其实它和日本酱油才是绝配。**

在你做冷豆腐、刺身、醋拌凉菜、日式土豆炖牛肉、烤咸鱼、沾汁荞麦面、羊栖菜炖菜时，如果想要做出与平时不同的味道，请一定要记得浇上点儿橄榄油。这会让它摇身变成绝品料理的。extra virgin是初榨的意思。橄榄油的香味会让料理显现出独特的味道。

○ 香草海盐

它能让你做出餐厅里的味道。西餐自不在话下，**所有的日式料理也都可以使用**。其中，"crazy salt"和"magic salt"比较出名。

用香草海盐做成的握寿司风味独特，鸡蛋烧、腌菜、盐烧荞麦面也能做出别样的美味口感。当然，也非常适合代替食盐做烤咸鱼。

○ 美国蛋黄酱

美国蛋黄酱的特点是口感醇厚温和，不带酸味。美国崇尚土豆文化，所以为了与之匹配，蛋黄酱也呈现出黄油般的温和口感。因此，它与要沾着蛋黄酱吃的土豆色拉、蛋黄酱炸大虾都是绝配。我比较喜欢用顶好公司生产的"纯正蛋黄酱"。

为了配合日式煎饼等又咸又甜的口味，日本蛋黄酱的口感相对偏酸，所以请记得千万不要放过头了！

使用起来很方便所以买了很多，结果积聚了一大堆用不着的调味料。再加上从别人那里收到的比较独特的调味料礼物。哦，你是不是有一些怎么也减少不了的调味料呢？这种时候，就让我们考虑一些需要用到这些调味料的菜单吧！

举个例子来说，如果我们多出的调味料是味噌，那么我们可以在网上搜索一下，应该会跳出一长串需要用到味噌的菜肴。这也是新菜肴诞生的一个契机。

另外，你应该还有很多过了保质期的调味料。让我们果断地将它们处理掉吧！只要整理一次，你就会明白哪些是自己不太使用的调味料，哪些是尚未熟练运用的调味料，这样就会减少自己日后采购时的失败。

◇　　◇　　◇　　◇　　◇　　◇　　◇　　◇　　◇

烹饪工具的规则

烹饪工具只选那些记得住的东西

真正需要的工具其实都是些简单的东西。

烹饪工具的规则就是把那些简单且经常使用的东西留在身边。也就是说，你只要锁定自己记得住的那些工具就可以了。如果有些东西你没看到实物就想象不出来，那就**说明你根本不需要它们。**

我以前也收集了不少烹饪工具，有些很可爱，有些很流行。等我意识到的时候，已经有满满一大堆了，而且净是些不会去用的东西。牛油果切片机、大蒜切碎器等工具，都是我采购失败的结果。这的确也是个不争的事实。

接下来，就让这样一个反复经历失败的我自信满满地给大家推荐一些工具吧！当然，如果你觉得自己不需要它们，也不用勉强留着。

（1）菜刀

让我们买一把价位在 8 000 到 10 000 日元之间、拿着有点儿分量的菜刀吧！比起买 5 把价格在 2 000 日元左右、切起来不舒服的菜刀，当然是买一把价格比较高的菜刀划算多了。对了，不要去买那种很轻的菜刀，因为那种菜刀一旦用力过度就会产生危险。

另外，**如果能配备一把小型菜刀会很方便。**这种菜刀在切大蒜、番茄这类小东西或给蔬菜去蒂时非常合适。

（2）碗

准备可以用上一辈子的优质厚碗大、中、小各一套。因为价格低廉的碗或是容易掉釉，或是会挥发出金属气味。玻璃碗或者不锈钢碗应该也不错吧！

（3）平底炒菜锅和锅子

推荐你使用直径为 26 厘米的平底炒菜锅。因为就算锅子摆动的幅度很大，食材也不会溢到锅子外面。而且，这个尺寸的锅子适合做很多东西，比如炒饭、牛排、炒菜和意大利面条等。氟乙烯加工而成的平底炒菜锅既不容易糊锅，上面的污垢也很容易洗掉。

锅子最好是能够使劲搓洗的不锈钢锅，导热性能优良的多层结构锅是我的推荐。如果你能准备大小两种尺寸的锅子，使用起来就会比较方便。

（4）橡胶刮刀（耐热性能优良的刮铲）

耐热性能优良的刮刀不仅可以用来混合食材，还可以在炒菜和煮菜中一显身手。这种刮刀不仅可以让你轻轻松松地一下子擦拭干净，还能将容易结焦的锅底、锅子侧面、细微之处都照顾得恰到好处。我推荐大家使用那种**刀柄与刀头连成一体的较为卫生的刮刀**。

（5）鸭嘴长柄勺

因为在烹饪过程中，有时会需要浇调味汁，有时又要把食物舀到碗中，所以**我推荐你使用一侧较尖的鸭嘴长柄勺**。

虽然在分盛锅子里的菜肴时，圆形勺子使用起来很方便，不过它很难在烹饪时触及锅的边缘，用起来并不顺手。

（6）削皮器

就像在前文中介绍过的那样，削皮器除了削皮之外还有很多其他用途。削皮器的种类从 500 日元的低价产品到优质产品一应俱全，只是当价格过低时，刀口会不够锋利顺手，这点需要你特别注意。

（7）大砧板和薄板状砧板

为了节省空间，有些人会选择购买尺寸较小的砧板，但我觉得宽约 40 厘米的大砧板应该是不错的选择。因为如果砧板的尺寸过小，有时会发生切好的食材被挤到砧板边上，最终掉落在地的情况。

切少量食材或切鱼切肉时，用薄板状的砧板会比较方便。

（8）要用长短相同、颜色统一的筷子

如果家中的筷子颜色或尺寸各异，配对的时候就会很花时间。我建议家里最好都用长短相同、颜色统一的筷子。

（9）夹具

烤肉时经常要用到的夹具，夹煮蛋或在餐桌上分色拉时也非常有用。准备大小各一个夹具会非常方便。

（10）大小一体型量勺

量勺直接放在抽屉里，容易被弄得乱七八糟，如果是一体型的量勺则可以容易找到。我最爱用的量勺便是名为"大勺子小勺子"的木质量勺。如果把糖、盐、面粉等东西各自放在不同的储存盒中，就可以使烹饪变得顺畅无比。

（11）耐热性能卓越的玻璃量杯

价格便宜的塑料量杯，其最大的缺点就是不耐热。用不了多久就会出现裂缝，出现裂缝后水会外漏，还会滋生细菌，非常不卫生。玻璃杯虽然有摔破的可能，却很结

实，所以不会轻易破裂。玻璃杯既可以拿来隔水蒸，也可以放到微波炉中加热，非常实用。

（12）2千克以内都能称量的数码电子秤

即便做菜的人粗枝大叶，只要咸淡调得好，也能够做出很好吃的菜。但是如果换成糕点或是面包，仅凭目测肯定不行。几克的误差也会在味道和最后的成品上产生差异。因为做糕点或面包时会用到大量的面粉，所以我推荐你使用2千克以内都能称量的数码电子秤。

（13）厨房专用剪刀

切叶类蔬菜的时候要用剪刀，而非菜刀。除此以外，去除较硬的香菇菌柄头、切刚烤好的比萨饼、切分肉类等工作都可以交给剪刀来完成。一天我要用到20次剪刀。

（14）切片机

我在前文中也介绍过切片机。无论是蔬菜切丝、切片，还是切丁，只要有了切片机，各种形状都不在话下，它是最适合用来缩短工作时间的工具。

特别是我最喜欢的那款德国产切片机，还能调节厚度，它会是你不错的选择。这款切片机一体化设计，不占空间，是庆祝朋友结婚的馈赠佳品。

（15）罐头起子和开瓶器一体化

日本的罐头都做成金属拉环的形式，所以徒手也能打开。可进口的罐头基本上都是不带金属拉环的，所以罐头起子成了一种必备工具。

起瓶盖时用起子，开红酒时用开瓶器，如果你的这些工具都是一体化设计，那就很方便了。

（16）食品加工机

有很多人明明买了食品加工机却不去使用。让我们在开始烹饪的同时，把食品加工机放进厨房吧！或切或搅拌或研磨，这些辛苦的工作都可以因为食品加工机的存在而变得轻松。虽然食品加工机的价格有高低，但它是一种只需一按就可以使用的简单机器，所以买什么样的食品加工机都不是大问题。

不知大家一路听下来的感觉如何？我推荐给大家的是

不是都是自己家里早就备着的一些东西呢？让我们把那些绝不会用到的工具都丢弃吧，免得错给了别人。因为**使用起来不顺手的东西，给了谁都不会顺手。**

从今天开始，请在你的厨房里，只留下那些足以让你自信满满地推荐给别人的明星工具吧！

厉害了，我的厨房！

提前处理食材，就能大幅提高做菜速度

"事先把食材处理好"，这话听着像是那些时间宽裕的做菜达人的台词。本来就已经够忙的了，哪还有心思去考虑烹饪前的准备工作！也许你会有这种想法，可事实却恰恰相反。

只要你能够事先稍稍将食材加工一下，就可以让每天的烹饪时间缩短不少。事先处理是让将来的自己变得轻松的一种魔法。

我认为忙得不可开交之人、终日懒散度日之人，更应该做好烹饪前的准备工作。

请你试着想象一下吧！当你急匆匆地赶回家站在厨房里时，洋葱已经切碎了，蔬菜已经焯过水了，肉也已经烤好了，你会不会感动到想流泪呢？而且，如果你事先用盐把肉腌好了，不仅可以延长它的保存时间，还能使肉保持长时间的鲜美。

你就当自己被骗上了贼船，尝试着做一下烹饪前的准备工作吧！接下来，我把一些简单易学的事先处理食材的方法介绍给大家。

盐揉蔬菜

适合用在这些时候
想摄取大量蔬菜时。想缩小其在冰箱里占的位置时。想方便保存时。

材料
○ 卷心菜或白菜是必备的基本材料。对其他的蔬菜没有特别要求，黄瓜、胡萝卜、油菜、萝卜、芹菜、芜菁、蘘荷、洋葱都可以。
○ 盐（约为蔬菜量的 1%—3%。即 100 克蔬菜中放 1—3 克盐）
※ 要避免选用番茄那类盐揉后会碎裂的蔬菜。

具体做法
○ 在蔬菜上撒上盐轻轻揉搓，之后放到保鲜袋中挤去空气。
○ 放上镇石放入冰箱。过一晚后刚好食用。
※ 用于其他菜肴或单独食用时，应充分沥干水分。
※ 尝一下咸淡，如果不够咸可以加点儿盐，如果太咸则可以用清水冲洗一下。

保存
○ 可以在冰箱中存放 3—5 天。
※ 视放盐量的多少而不同。

适合用在这些菜中
○ 可以直接当作腌菜食用，也很适合用在拌菜中。
○ 另外还可以用在色拉、醋拌凉菜、炒菜和饭团配料等中，适用于很多菜。

腌肉

适合用在这些时候
○ 当你买了一大块猪肉回家，却发现冰箱里已无存放它的多余空间。但你还是希望能让它存放三天甚至更长的时间。

材料
○ 推荐你使用里脊肉、排骨等夹着肥肉的猪肉
○ 盐（约为肉量的 8%。即 100 克的肉中放 8 克盐）

具体做法
○ 将加了盐的猪肉放在保鲜袋中，然后存放在冰箱里。两天过后，便是最佳的食用时间。
○ 要用的时候，切成你喜欢的大小，冲掉盐分后就可以拿来做菜了。

保存
○ 可以在冰箱中保存一周左右。

适合用在这些菜中
○ 直接拿来烤或者煮都是可以的。
○ 可以用来装点色拉、拌菜、冷面和凉面，也可以用来做叉烧。

把用剩的肉腌起来

适合用在这些时候
○ 当有少量的肉或鱼多出来时。

材料
○ 多出来的肉或鱼
○ 酱油适量、酒适量（日式甜料酒也是可以的）
○ 盐少量（味噌也是可以的）
○ 其他：佐料等

具体做法
○ 当多出来的材料是牛肉或鱼时
浇上酱油和酒（西式＝红葡萄酒、中式＝绍兴酒）后保存在冰箱里。
○ 当多出来的材料是猪肉、鱼或鸡肉时
撒上盐浇上酒（西式＝白葡萄酒、中式＝绍兴酒）后保存在冰箱里。
※ 如果在肉的表面撒上盐和酒，那么第二天就可以享用美食。盐能够延长肉的保存时间，酒精中含有的分解蛋白质的酶具有软化鱼或肉的作用。

保存
○ 可以用保鲜膜包裹后，放在冰箱里保存 2—3 天。

适合用在这些菜中
○ 加点儿洋葱就可以炒一盘菜。加点胡椒、辣椒、咖喱粉或者土茴香等香料，就可以做出异国风味。如果想带点儿酸味，可以加点儿米醋或者酒醋。加点儿生姜、大蒜，还能帮助你增加食欲。

适合用在这些时候
○ 想缩短烹饪时间时。

材料
○ 一块肉（牛筋、腿肉、鸡胸肉、带骨头的大腿肉等）
○ 盐适量（味噌也是可以的）
○ 自己喜欢的香味蔬菜（大蒜、葱、生姜等）
○ 水
※ 推荐使用猪里脊、排骨等带肥肉的猪肉

具体做法
○ 在肉的表面撒上盐轻轻揉搓。
○ 将肉和香味蔬菜一同放到锅子中，加入没过肉的水。
○ 用文火慢慢炖煮。彻底煮熟后，放至没有余热。这样就算大功告成了。
※ 煮鸡胸肉时，可在中途关火，用余热煮熟它，这样肉质不会过老。

保存
○ 可在冰箱保存 3—4 天。就着汤汁保存也是可以的。
○ 冷冻时要将肉和汤汁分开保存，这样就可以让它们各自保存 3 周到 1 个月的时间。

适合用在这些菜中
○ 切成薄片直接吃也很鲜美。可放在色拉、三明治、意大利面和炒饭中。
○ 汤汁还可以做汤或者杂烩粥。

事先煮好的蔬菜

适合用在这些时候
○ 想缩短每天煮蔬菜的时间。

材料
○ 想事先拿来煮的蔬菜（土豆、胡萝卜、南瓜、西兰花、菠菜、小松菜等）
○ 水
○ 盐
※ 绿色蔬菜盐兑水的比例为 15：1 000（即 1 升水中放 15 克盐）。其他蔬菜盐兑水的比例为 1：100（即 1 升水中放 10 克盐）

具体做法
○ 绿色蔬菜
在锅子中加入盐和水煮沸后，再放入绿色蔬菜。
○ 其他蔬菜
在锅子中放入盐、水和蔬菜一同煮。
※ 如果将土豆带着皮煮（蒸），煮好的时候松软热乎，营养成分和土豆的美味也不会流失。
※ 叶类蔬菜、西兰花集中到一起水煮后放到冷水中。
※ 菠菜、小松菜用卷帘卷起后沥干水分，直接放到保鲜膜中保存，这样既不会破坏形状，还很干净。直接切好后可以做成拌青菜。

保存
○ 冷藏柜中可保存三天，冷冻柜中可保存两周。唯有土豆不可以冷冻保存（不过土豆泥可以）。

适合用在这些菜中

○ 土豆可以做成土豆色拉、土豆油炸饼、土豆泥等。

○ 胡萝卜可以做色拉、炒菜、法国浓汤等。

○ 西兰花可以做炒西兰花或蔬菜酱汁色拉，也可以将冷冻的西兰花直接放到便当中。

将洋葱切碎后冷冻保存

适合用在这些时候
○ 想缩短每天的烹饪时间。
※ 如果直接将冷冻的洋葱末放到平底炒菜锅中开火加热，就会瞬间从周边开始融化，出水的时间也会提前。

材料
○ 洋葱

具体做法
○ 将洋葱切碎。
○ 放到保鲜袋中挤出空气后放入冷冻柜保存。

保存
○ 可在冷冻柜中存放两周。

适合用在这些菜中
○ 可以放在普通料理中自不必说，还可以放在炖菜、法国浓汤、洋葱汤等中。特别适合想体现洋葱甘甜口味的菜肴。在做糖稀色洋葱时，还可以缩短 1/3 的时间。

蔬菜酱

适合用在这些时候
○ 蔬菜摄入不足时。想减少蔬菜存量时。想要做出浓醇感和自然的甘甜口味时。

材料
○ 洋葱 1个半
○ 胡萝卜 1根
○ 芹菜 半根
○ 盐 一小撮、色拉油适量

具体做法
○ 将洋葱、胡萝卜和芹菜切碎备用。
○ 在平底炒菜锅中倒入色拉油，放入蔬菜后撒上少许盐，再用文火炒。
○ 炒到变成原先的 1/3 量时就大功告成了。
○ 装入保鲜袋中挤掉空气，放冷冻柜保存。

保存
○ 可在冷冻柜中保存两周。

适合用在这些菜中
○ 可在汉堡牛排、炖菜、意面沙司、炒饭、蛋包饭、油炸丸子中添加。